CB138051

F R E U D

Vidas e Idéias 1

S I G M U N D FREUD

a conquista do proibido

Renato Mezan

Æ

Ateliê Editorial

Direitos reservados e protegidos pela Lei 9.610 de 19.02.1998.
É proibida a reprodução total ou parcial sem autorização,
por escrito, da editora.

Copyright © 2000 Renato Mezan

1ª ed. da Brasiliense (1982)
1ª ed. da Ateliê Editorial (2000)
2ª ed. da Ateliê Editorial (2001)
3ª ed. da Ateliê Editorial (2003)

ISBN: 85-7480-010-4

Editor
Plínio Martins Filho
Produtor Editorial
Ricardo Assis

Direitos reservados à
ATELIÊ EDITORIAL
Rua Manuel Pereira Leite, 15
06709-280 – Granja Viana – Cotia – São Paulo
Telefax: (0--11) 4612-9666
www.atelie.com.br
e-mail: atelie_editorial@uol.com.br
2003

Printed in Brazil
Foi feito o depósito legal

Nota a esta nova edição

Esse livro foi originalmente escrito para a coleção "Encanto Radical" da Editora Brasiliense. Publicado em 1982, teve diversas edições enquanto a coleção se manteve disponível; esgotado há vários anos, ressurge agora em nova roupagem. No essencial, mantive a forma na qual o redigi, apenas corrigindo alguns erros tipográficos e atualizando uma ou outra informação. As indicações de leitura também ganharam novos itens; que seja impossível cobrir todo o espectro do que existe atualmente sobre Psicanálise em português é prova de como as coisas mudaram de 1982 para cá – indiscutivelmente, para melhor.

Meus agradecimentos a Yvoty Macambira, que deu ao livro sua nova feição estética, a Anna Luiza Costa, que digitou o original e vem sendo de grande valia para adequar meus escritos à era da informática, e a Plinio Martins, que o traz novamente à luz.

Sumário

1

Silêncio, por favor...

Ora, estas coisas psicanalíticas só são compreensíveis se forem relativamente completas e detalhadas, exatamente como a própria análise só funciona se o paciente descer das abstrações substitutivas até os mais ínfimos detalhes. Disso resulta que a discrição é incompatível com uma boa exposição sobre a psicanálise. É preciso ser sem escrúpulos, expor-se, trair-se, comportar-se como o artista que compra tintas com o dinheiro da casa e queima os móveis para que o modelo não sinta frio. Sem alguma destas ações criminosas, não se pode fazer nada direito.

Estas linhas são endereçadas ao Oskar Pfister, um dos discípulos de Freud, e foram motivadas por um artigo de Pfister, julgado pelo mestre de Viena como "trabalho de um homem demasiado correto, que se acredita portanto obrigado à discrição." Comparemos seu teor com as palavras que Freud dirige a Fritz Wittels, autor de um livro publicado em 1923 e intitulado *Sigmund Freud: O Homem, a Doutrina, a Escola*:

> Seu livro não é demasiado áspero comigo, nem demasiado indiscreto. Testemunha um sério interesse e, como se poderia esperar, atesta também sua arte de escrever e de descrever as coisas. Não preciso dizer-lhe que jamais desejei ou estimulei uma obra desta natureza. Opino que o mundo não tem direito algum sobre minha pessoa e que não saberá praticamente nada de mim enquanto meu caso (por diversas razões) não puder ser apresentado com clareza cristalina [...]. O senhor sabe demasiado pouco sobre a pessoa que tomou como tema e não pode, portanto, evitar o perigo de que seus esforços analíticos produzem uma distorção da imagem.

Observemos como o tom muda, embora as duas passagens tragam a marca do inconfundível estilo freudiano, e em ambas o tema seja a discrição. Questão que, aliás, não concerne apenas a Freud, mas também a todo psicanalista, já que a promessa de segredo absoluto, tácita ou explícita, é a contrapartida da exigência de sinceridade absoluta formulada ao paciente pela "regra fundamental" da situação analítica. Quando Pfister estuda o caso de um obscuro conde alemão, vê-se qualificado de "demasiado correto" e intimado a proceder "sem escrúpulos"; quando Wittels se debruça sobre o fundador da psicanálise, recebe um elogio por não ser "demasiado indiscreto" e uma reprimenda por ter divulgado ao mundo algo a que este não tem "direito algum", isto é, saber mais do que "praticamente nada sobre minha pessoa".

Esta atitude é tanto mais notável quanto os escritos de Freud estão repletos de alusões e de exemplos tirados de sua própria vida. O leitor da *Interpretação dos Sonhos*, por exemplo, depara-se com a seguinte afirmação, colocada logo antes do primeiro sonho a ser analisado, e que visa justificar a escolha dos sonhos do autor para ilustrar a demonstração:

é preciso dominar enérgicas resistências interiores, a compreensível aversão a comunicar intimidades de minha vida psíquica, e o temor de que pessoas estranhas as interpretem erroneamente. Mas é necessário sobrepor-se a tudo isto. Todo psicólogo, escreve Delboeuf, é obrigado a confessar suas fraquezas, se acredita poder, desta forma, esclarecer um problema obscuro. [...] Terei, pois, de rogar ao leitor que faça seus, durante algum tempo, meus interesses, e penetre atentamente comigo nos menores detalhes de minha vida, pois a descoberta do sentido oculto dos sonhos exige imperiosamente uma tal transferência.

(Caracteristicamente, uma nota de rodapé deixa claro que "quase nunca comuniquei a interpretação completa de um sonho pessoal. Provavelmente, tive razão ao não confiar demasiado na discrição do leitor.") Da mesma forma, a maioria dos lapsos e atos falhos que integram a primeira versão da *Psicologia da Vida Quotidiana* são do próprio Freud. Os exemplos podem ser multiplicados, sem distinguir entre as obras de cunho propriamente teórico e as que apresentam caráter histórico ou autobiográfico: Freud fala muito de si, e sempre na primeira pessoa.

Paradoxo? Em parte sim, e em parte não. As passagens citadas atestam alguns traços do estilo de Freud, e também de seu caráter. Em primeiro lugar, a franqueza direta e a coragem; além disso, o compromisso irrevogável com o que julgava ser a verdade; a tranqüila certeza de que seus escritos estariam sempre, ante os padrões estabelecidos, perigosamente próximos – e por vezes além – dos limites do escandaloso; a recusa, enfim, de qualquer hipocrisia, ainda que, para manter-se fiel a seu ideal de integridade científica, fosse preciso apresentar-se como "o único celerado entre tantas naturezas nobres que povoam este mundo."

Impõe-se uma constatação: o audaz explorador do inconsciente, o homem que infligiu ao narcisismo humano uma ferida só comparável às provocadas por Copérnico – que tirou a Terra do centro do Universo – e por Darwin – que provou nossa ascendência animal – este homem era de uma timidez fora do comum no que dizia respeito à sua vida pessoal. A exigência auto-imposta da discrição, mesmo quando a detalhes inócuos, é uma constante da obra de Freud, e contrasta agudamente com a multiplicação das referências a esta mesma vida. E que referências! Não se trata nunca de episódios anedóticos e que poderiam ser deixados de lado sem maiores prejuízos. Freud é o inventor da psicanálise, disciplina que postula que todo ato e todo conteúdo psíquico são determinados, em grande parte, por motivos e desejos inconscientes. Tomar exemplos da sua vida pessoal implica, portanto, a obrigação de *analisá-los*, isto é, revelar a um público anônimo e presumivelmente hostil seus próprios motivos e desejos inconscientes, os quais, como os de qualquer pessoa, são fundamentalmente estranhos à moral convencional.

Retomemos as passagens mencionadas. A da *Interpretação dos Sonhos* tem uma justificação científica: Freud quer provar que o sonho pode ser interpretado, que, sob sua fachada freqüentemente absurda, existe um *sentido*, o qual, lógica e emocionalmente, nada tem de absurdo. Seu método consiste em partir do "conteúdo manifesto" – a lembrança do sonho quando acordamos – e, para cada imagem ou parte deste relato, utilizar as associações do sonhador, as quais, por vias muitas vezes tortuosas, acabam por formar uma rede de pensamentos e de desejos que se revelam ser o fundamento do sonho – rede à qual denomina "conteúdo latente". Ora, esta tese só se torna convincente se apoiada por um grande número de exemplos, aptos a ilustrar as diversas particularidades e mecanismos do processo onírico.

Freud poderia utilizar os sonhos de seus pacientes – e ocasionalmente os utiliza – mas tal procedimento abriria o flanco a duas objeções: terem sido sonhados por "neuróticos", o que diminuiria sua força persuasiva – muito bem, diria um leitor reticente, tudo isto pode ser até verdadeiro, mas só para quem sofre de neurose, e não para a maioria "normal". Em segundo lugar, cada sonho teria de ser precedido por longas exposições sobre o paciente, de modo a provar que se insere perfeitamente na vida psíquica de quem o sonhou. Ao se servir de seus próprios sonhos, Freud atinge um duplo objetivo: como seu leitor provavelmente o considerará "normal", a primeira objeção é afastada; como pode tanto selecionar os sonhos quanto decidir sobre a extensão e a profundidade da interpretação apresentada, a exposição pode prosseguir sem ser interrompida a cada passo por relatos e considerações estranhos ao tema. O preço a pagar por estas vantagens é a "confissão das próprias fraquezas"; mas é um preço inevitável, se o "psicólogo julga assim poder lançar luz sobre um problema obscuro." Dos males o menor: como diz um provérbio francês que Freud gostava de citar, *para fazer uma omelete é preciso quebrar ovos.*

Mas só alguns. Reiteradamente, o leitor da *Interpretação dos Sonhos* se defronta com um silêncio reservado. Uma vez analisados certos aspectos de um sonho e cumprido o propósito de ilustrar um mecanismo típico, Freud recusa-se obstinadamente a ir mais além: e o leitor é advertido lealmente de que o resto da interpretação lhe está sendo subtraído. Em particular, toda e qualquer referência à sua vida sexual é expurgada, de modo que o livro destinado a mostrar, entre outras coisas, o papel que a sexualidade desempenha no inconsciente, é absolutamente mudo quanto a uma eventual confirmação desta tese pelo caso de seu autor. Freud apóia-se num verso de *Fausto* de

Goethe: "O melhor daquilo que podes saber / Não o irás dizer a estas crianças".

Há mais: por vezes, ele falsifica deliberadamente um elemento que julga inoportuno mencionar tal e qual. E a medida de sua audácia pode ser dada por um fato impressionante: na *Psicologia da Vida Quotidiana*, somos informados exatamente do porquê de determinados erros, aparentemente tolos, que se insinuaram na redação do livro sobre os sonhos.

> Onde aparece um erro, há uma repressão, ou melhor, uma insinceridade, um desfiguramento da verdade, baseado em última análise numa repressão. Com efeito, nas análises dos sonhos ali expostas eu me vira obrigado, pela natureza chocante dos temas a que se referiam os pensamentos do sonho, a interromper algumas análises antes de seu término verdadeiro, e, outras vezes, a mitigar a ousadia de um detalhe indiscreto, deformando-o ligeiramente. [...] A deformação ou o ocultamento dos pensamentos não-mencionados, e que eu conhecia, não podem ser executados sem deixar algum traço. O que eu não queria dizer conseguiu, freqüentemente contra a minha vontade, insinuar-se até o que eu considerava comunicável, e se manifestou aí sob a forma de erros que passaram inadvertidos para mim.

Estamos diante do mesmo caso: a fim de provar sua tese – aqui, a de que nada há de "casual" nos lapsos e erros que cometemos "por acaso" – Freud se dispõe a levantar uma ponta do véu que encobre sua vida pessoal. E uma ponta importante, já que os erros estudados na *Psicopatologia* são motivados por "pensamentos reprimidos relacionados com meu falecido pai", ou seja, pela constelação de desejos inconscientes conhecida como complexo de Édipo. Novamente, é necessário quebrar alguns ovos: tomando-se como ilustração de suas teorias, Freud as torna mais convincentes, mas admite revelar desejos e pensamentos "chocantes".

E isto nos permite ler com novos olhos as cartas a Wittels e a Pfister. Sobre sua pessoa, o mundo não tem direito, e uma biografia não é nem "desejada" nem "estimulada"; em todo caso, o biógrafo recebe um elogio por não ter sido "demasiado indiscreto". Aliás, o termo *demasiado* ocorre com surpreendente freqüência em nossos textos: demasiado correto, demasiado áspero, demasiado indiscreto, não confiar demasiado... É sempre uma questão de limites: até aqui, em nome da ciência, um *sim* relutante; daí para a frente – ou para trás – um resoluto *não*.

E o paradoxo da discrição indiscreta, do convite ao leitor para acompanhá-lo nos "menores detalhes" de sua vida quotidiana, acompanhado da reserva mental do "melhor que se sabe/não se pode dizer às crianças" – este paradoxo se desfaz: Freud comunica aquilo que, na sua vida psíquica, ilustra ou confirma um *fenômeno universal*: a deformação onírica, a determinação inconsciente dos lapsos, a sobrevivência dos desejos infantis. Tudo aquilo que, ao contrário, concerne apenas à sua existência empírica, é protegido com uma couraça de silêncio. Assim, não hesita em revelar facetas de seu complexo de Édipo; mas resguarda-se de qualquer intromissão em aspectos muito mais banais de sua intimidade. De onde a advertência a Wittels sobre a tentativa de penetrar em seu "caso", e a bem-humorada injunção a Pfister no sentido de ser um pouco menos correto e um pouco mais criminoso, isto é, *indiscreto*.

Se em todo estudo biográfico a distância entre o autor e seu tema é um obstáculo de peso, no caso de Freud a tarefa é ainda mais complexa, já que a própria natureza de sua obra convida o biógrafo a tentar esclarecer, por meio dela, o sentido da vida de quem a criou. Talvez o sonho de todo psicanalista seja psicanalisar Freud; mas trata-se de um sonho impossível, cuja elucidação pertence à análise do próprio psicanalista. Contudo, permanece o fato de que, para compreender algo da psicanálise, é preciso retomar a trajetória que conduziu Freud a inventá-la, pois sua auto-análise foi um momento determinante da criação da nova disciplina.

Freud contou muitas vezes certas passagens desta trajetória, e elas são de conhecimento público: como veio a se interessar pela histeria, como aprofundou as indicações que seu colega Josef Breuer lhe forneceu acerca do "tratamento catártico" realizado com a paciente Anna O., como surgiu o método da livre associação a partir da hipnose e do convite à rememoração da origem dos sintomas, como veio a descobrir o inconsciente, a formular as leis que o governam, a insistir na determinação sexual das neuroses, a ampliar esta concepção para o funcionamento psíquico das pessoas ditas "normais".

Depois de sua morte, centenas de cartas suas foram publicadas, entre as quais as dirigidas a Wilhelm Fliess entre 1887 e 1902, isto é, durante o período em que ocorreram suas descobertas fundamentais. Também dispomos de boas biografias suas, como a redigida nos anos cinqüenta por seu discípulo Ernest Jones, e, mais recentemente, por Peter Gay e por Emílio Rodrigué. O problema é hoje quase o inverso do que no tempo de Wittels: trata-se do excesso de dados, de testemunhos, de depoimentos, inclusive de pacientes seus, que cercam a figura do fundador da psicanálise. Não cabe, pois, repetir aqui o que outros já disseram. Embora Freud certamente não aprovasse nosso empreendimento, penso que num texto como este devemos tomar outro caminho, ainda que violando as rígidas normas que ele exigia no tocante à discrição – quando o tema fosse sua pessoa. Neste estudo, proponho que nos deixemos guiar por duas perguntas entrelaçadas: por que foi Freud, e nenhum outro o criador da psicanálise?

E em que medida sua vida e sua obra se iluminam uma à outra? São perguntas complexas, e sobretudo indiscretas. Mas que fazer? Freud já o disse: "a discrição é incompatível com uma boa exposição [...]. Sem alguma destas ações criminosas, não se pode fazer nada direito".

2

"Uma mesma arquitetura psíquica..."

Solicitado em 1925 a redigir uma auto-apresentação, Freud a inicia com as seguintes palavras:

> Nasci no ano de 1856, em Freiberg (Morávia), pequena cidade da atual Tchecoslováquia. Meus pais eram judeus; eu mesmo continuei a sê-lo. De meus ancestrais pelo lado paterno, creio saber que viveram muitos anos em Colônia, emigrando no século XIV ou XV para o leste, por causa de uma perseguição contra os judeus; no século XIX, retornaram pela Lituânia e pela Galícia, estabelecendo-se no Império Austríaco. Quando tinha quatro anos, meus pais me trouxeram para Viena, cidade onde transcorreu toda minha educação.

As primeira palavras são sempre importantes. Notemos que as de Freud se referem ao fato de ser judeu, às perseguições e à educação: três temas fundamentais para sua existência. Pela educação, tornou-se um cientista e chegou a ser quem foi; a hostilidade e mesmo o ódio o acompanharam durante longos anos; de seu judaísmo, diremos algo logo mais.

A auto-apresentação conta a seguir, em meia dúzia de rápidos parágrafos, que sempre foi o primeiro da classe, que a situação material da família era precária, que não obstante pôde escolher livremente sua carreira, que optou sem grande entusiasmo pela medicina e que, ao entrar em 1873 na Universidade de Viena, se deparou com um anti-semitismo difundido, o qual, no entanto, não o desencorajou, incitando-o ao contrário a buscar um lugar, mesmo modesto, nas "fileiras da Humanidade laboriosa". Descreve em seguida, com a brevidade que poderíamos esperar, seu trabalho como biólogo no laboratório de Fisiologia, a expectativa de tornar-se assistente – expectativa frustrada pelo fato de ser demasiado pobre para permitir-se o luxo de uma carreira acadêmica – e o período de residência médica, findo o qual obtém uma bolsa de estudos para Paris. Nesta cidade, trabalha alguns meses sob a orientação de Charcot, o grande clínico que desperta seu interesse pelas neuroses. Retorna a Viena em 1886, abre seu consultório de neurologia – no domingo de Páscoa, feriado mais importante do calendário e no qual poderia estar absolutamente certo de que não veria cliente algum – e se casa poucos meses depois com Martha Bernays, sua noiva por mais de quatro anos.

Ernest Jones, o biógrafo oficial de Freud, caracteriza a vida pessoal deste último como *very regular* – sem nada de especial. Com efeito, sua existência prática não é assinalada por nenhum fato extraordinário: viveu em Viena até que a invasão nazista pôs em risco sua vida, obrigando-o a exilar-se em Londres; habitou a mesma casa por quarenta e sete anos; teve seis filhos de seu único casamento; exerceu sua profissão pacatamente; como os demais cidadãos de Viena, passou pela Primeira Guerra Mundial e pelas dificuldades do pós-guerra; não teve casos de amor; tirou férias regularmente durante mais de cinqüenta verões; e de modo geral teve uma vida nem mais nem menos sobressaltada do que a de tantos outros burgueses de sua geração.

E no entanto... Na página final da *Auto-Apresentação*, lemos o seguinte:

> É aqui se deve permitir que eu interrompa estas notas autobiográficas. O público não tem direito de saber mais sobre meus assuntos privados, sobre minhas lutas, minhas desilusões e meus êxitos. De toda forma, já fui mais aberto e franco em alguns de meus escritos do que habitualmente o são aqueles que descrevem sua vida para os contemporâneos. Tive poucos agradecimentos por isto, e por minha experiência não posso recomendar a outrem que siga meu exemplo.

É o caso de perguntar: se nada há de particular nesta experiência rotineira, por que tanto zelo em protegê-lo da curiosidade pública?

É que, justamente, o mais importante não está na existência pacata e regular; o interesse recai sobretudo nas "lutas, desilusões e êxitos" que a singularizam entre todas. Falando de Cézanne, Merleau-

Ponty diz que a vida não explica o sentido da obra, "mas também é certo que elas se comunicam. A verdade é que *esta obra a ser feita exigia esta vida.* Desde o início, a vida de Cézanne só encontrava equilíbrio apoiando-se sobre a obra ainda futura, ela era o seu projeto, e a obra se anunciava nela por signos premonitórios que erraríamos ao tomar por causas, mas que fazem da obra e da vida uma única aventura". Penso que estas palavras se aplicam rigorosamente a Freud; quando consideramos o conteúdo e o sentido da psicanálise, não há como escapar à impressão – de resto verdadeira – de que "esta obra exigia esta vida", de que ambas se comunicam pelo interior, de que, em suma, era preciso ser Freud para inventar a psicanálise e era preciso inventar a psicanálise para que Freud pudesse ser Freud. E não se trata de uma ilusão retrospectiva, do gênero "como foi assim, tinha de ser assim". A psicanálise surgiu numa época determinada, numa atmosfera cultural determinada, por obra de um homem determinado e através da aventura mais solitária e mais arriscada jamais empreendida por um ser humano: a descoberta de seu próprio inconsciente e a formulação das leis que regem não apenas este inconsciente individual, mas também o de todos nós.

Retornemos às frases iniciais da *Auto-Apresentação.* Freud se situa imediatamente como judeu, no período histórico das últimas décadas do século XIX, no Estado dos Habsburgo e na cidade de Viena. Cada uma destas determinações é essencial. O Império Austro-Húngaro, desaparecido com o fim da Primeira Guerra Mundial, ocupava uma grande extensão da Europa, da fronteira suíça à Romênia, do sul da Polônia ao norte da Itália, e era habitado por grande diversidade de povos, nenhum dos quais majoritário. Depois de ter sido por vários séculos o pivô da política européia, a monarquia dos Habsburgo começava a declinar ante o poderio da Alemanha de Bismarck e as novas realidades do mundo econômico. A industrialização e as formas sociais próprias ao capitalismo surgiram nestes territórios mais lentamente do que na Europa Ocidental, conservando a aristocracia fundiária um peso ainda importante até bem avançado o século XIX. O centro destas modificações vinculadas ao capitalismo é Viena e a parte germânica do Império; após a revolução de 1848 e um breve período de absolutismo, instala-se em 1869 um Estado de tipo liberal, no qual a burguesia vai paulatinamente ocupando um espaço mais importante. As décadas de 1850 a 1870 presenciam uma grande atividade industrial; Viena se moderniza, surgem novas oportunidades, e para ela convergem os talentos provinciais à cata de riqueza e de glória, além daqueles que, como o pai de Freud, vêem na grande cidade a promessa de uma vida melhor.

A infância de Freud se situa, portanto, numa época historicamente densa. Em particular, ela é contemporânea de emancipação dos judeus austro-húngaros. O termo *emancipação* designa a concessão, aos súditos judeus do Imperador, dos direitos civis e políticos que lhes haviam sido negados desde a Idade Média, ou seja, a liberdade de residir onde quisessem, de freqüentar as escolas e universidades, de se inscrever nas listas eleitorais; em suma, o fim da discriminação sistemática de que haviam sido objeto e a possibilidade de ingressar na vida social e cultural do país. Do ponto de vista jurídico, o cidadão judeu passava a ser igual aos demais, embora as observações de Freud revelem que, na prática, ainda persistiam os preconceitos e a hostilidade latente contra o grupo judaico.

Apesar deste obstáculos, os judeus puderam aproveitar as oportunidades que lhes eram oferecidas e, em poucas décadas, muitos deles ascenderam ao nível das classes médias. Ao lado do tradicional pequeno comerciante, surgiram as figuras até então inéditas do industrial, do banqueiro, do profissional liberal judeus. Muitos deles se destacam em suas novas atividades, trazendo para elas o secular amor ao estudo que os caracterizava, agora incentivado pela possibilidade de ascensão social. A concentração nas profissões liberais é uma resultante natural deste processo. Conta-se que numa escola judaica, por volta de 1870, o professor pede a um aluno que enumere a lista dos doze filhos de Jacó. O menino começa a contar nos dedos: "Amós, Isaías, Ezequiel, Jeremias..." O professor o interrompe: "Tudo errado! Este são... quem são estes?" E o outro aluno, rápido e confiante, responde: "São os advogados do Primeiro Distrito de Viena!"

A integração dos judeus a esta sociedade em vias de se tornar capitalista não se faz, porém, sem dificuldades. O processo da assimilação é ambíguo: por um lado, o indivíduo abandona seus padrões culturais anteriores, especialmente a língua ídiche e a observância dos rituais religiosos que o distinguem do meio ambiente, como o uso do solidéu, a alimentação *kasher*, a abstenção do trabalho aos sábados, a prática de certos jejuns. Por outro, sente-se ligado a seu grupo de origem e se depara com uma rejeição mais ou menos aberta por parte da sociedade majoritária. Cortado das referências que davam sentido à vida de seus ancestrais, em virtude da educação laica e dos valores e hábitos inerentes à civilização burguesa, o judeu vê-se diante de um dilema: a integração completa não é possível, tanto pelo anti-semitismo circundante quanto porque nem sempre é desejada; o retorno aos padrões tradicionais tampouco é possível, já que as condições de vida e as ambições de ascensão social não são compatíveis com eles.

Quando Freud abre sua autobiografia com a afirmação de que "meus pais eram judeus e eu mesmo continuei a sê-lo", é todo este processo que se encontra subentendido. Não que fosse um homem religioso. Ao contrário, sempre foi agnóstico, e só se casou no cerimonial religioso porque o casamento civil não era reconhecido pela lei austríaca. Aliás, sua noiva, de família estritamente ortodoxa, recebe desde o início do namoro cartas detalhadas a respeito da questão religiosa: para Freud, estava fora de cogitação curvar-se a rituais que considerava obsoletos e constrangedores. Por outro lado, a leitura precoce da Bíblia deixou nele profundas marcas: identificava-se com José (o intérprete de sonhos) e sobretudo com Moisés, a quem dedicará dois textos fundamentais (*O Moisés de Michelangelo* e *Moisés e o Monoteísmo*).

Seu pai, Jakob Freud, fora um praticante zeloso em sua juventude, mas ao vir para Viena já quase nada observava do ritual. A educação judaica do menino Sigmund foi confiada a um professor de quem guardava uma recordação carinhosa, cuja casa freqüentava assiduamente e a quem, como sabemos por uma carta à sua noiva, pedia ocasionalmente um empréstimo durante seus anos de estudante. Aprendeu hebraico e tinha noções do ídiche, língua materna de seus pais e na qual circulavam as histórias judaicas que tanto apreciava, e que viriam a fornecer a maioria dos exemplos de *O Chiste e sua Relação com o Inconsciente.*

Mais do que isto, seu círculo de amizades é formado, com raras exceções, por outros médicos judeus, e isto até bem avançado em anos. No sonho da "injeção em Irma", são judeus todos os personagens: sua esposa grávida, seus colegas, o Dr. M (Josef Breuer) e a própria paciente, amiga de Frau Freud. Como também serão judeus seus primeiros discípulos: saudando a adesão de Jung, suíço e protestante, Freud escreverá a Karl Abraham:

> Seja tolerante e não esqueça que, na verdade, é mais fácil para o senhor do que para Jung seguir meus pensamentos. Por nossa pertinência racial comum, o senhor está mais próximo de minha constituição intelectual, enquanto Jung, como cristão e filho de pastor, encontra

o caminho rumo a mim somente lutando com grandes dificuldades interiores. Sua adesão tem por isto um valor ainda maior. Diria quase que é somente a partir de sua chegada que a psicanálise escapou ao perigo de se converter num assunto nacional judaico.

Aqui estamos diante de algo diferente, e muito mais radical. Não se trata apenas dos sentimentos de Freud em relação ao judaísmo, que poderiam ter, afinal, um interesse apenas histórico. Trata-se da determinação da "constituição intelectual" por uma "pertinência racial comum", ou seja, da idéia segundo a qual Abraham, por ser judeu, teria de lutar com resistência menores do que as de Jung *para compreender e praticar a psicanálise.* Dito de modo brutal, seria mais fácil para um judeu do que para um cristão aceitar os princípios e as conseqüências da nova disciplina. Haveria então um laço tão íntimo entre a psicanálise e o judaísmo? O argumento de que ela seria uma "ciência judaica" foi utilizado pelos detratores da psicanálise e em particular pelos nazistas, que dele se valeram para proscrevê-la do Reich e para queimar em praça pública os escritos de Freud.

As palavras de Freud a Abraham serviriam, pois, para caucionar este absurdo?

Na verdade, as coisas são um pouco mais complexas. Nada há no conteúdo da psicanálise que a aproxime do judaísmo, ou de qualquer outra religião. Seja como elogio, seja como acusação, afirmar ser ela uma "ciência judaica" é desprovido de sentido, como o seria dizer que é uma ciência "burguesa" ou "vienense". O problema se coloca num registro totalmente diverso. O fundador da psicanálise era judeu: qual a influência deste fato sobre sua atividade teórica? A questão bem poderia parecer acadêmica, se não tivéssemos o testemunho do próprio Freud a respeito. Agradecendo em 1926 às felicitações enviadas pela sociedade Bnei Brit (sociedade beneficente à qual pertenceu) por ocasião de seu 70º aniversário, Freud escreve:

> Devo confessar-lhes que nem a fé nem o orgulho nacional me ligavam ao judaísmo, pois sempre fui agnóstico [...]. No entanto, permaneciam ainda muitas coisas para tornar-me irresistível a atração pelos judeus e pelo judaísmo: vastas e obscuras forças emocionais, tanto mais poderosas quanto difíceis de serem expressas em

palavras; a clara consciência de uma identidade íntima, a secreta familiaridade de possuir uma mesma arquitetura psíquica. A isto não tardou em acrescentar-se a compreensão de que somente à minha natureza judaica devo duas qualidades que chegaram a ser indispensáveis no difícil caminho da minha existência. Precisamente por ser judeu, encontrava-se livre de muitos preconceitos que toldam a outros o exercício de seu intelecto; precisamente como judeu, estava preparado para colocar-me na oposição e para renunciar ao acordo com a "maioria compacta".

Encontramos aqui, com o nome de "arquitetura psíquica", a "constituição intelectual" da carta a Abraham. Mas não é por ser *ateu* que Freud se diz livre dos preconceitos que impedem o livre uso da faculdade de pensar, e sim por ser *judeu*. A seus olhos, o judaísmo – mesmo abandonado como conjunto de crenças e de práticas – favorece o espírito científico. Não nos cabe discutir se tem ou não razão neste ponto, e sim constatar o fato de que este é sua convicção. A este aspecto soma-se a disponibilidade para se colocar na oposição, isto é, para aceitar com equanimidade sua exclusão da maioria. Independência de julgamento e tenacidade são, pois, as qualidades que Freud atribui à sua origem judaica, e que considera terem sido *indispensáveis* para a criação de sua disciplina. Como dirá a Pfister em certa ocasião: "Por que não foi um destes inúmeros homens piedosos que inventou a psicanálise? Por que se teve de esperar por um judeu absolutamente agnóstico?"

A resposta a esta questão é evidentemente complexa. Assinalamos a posição peculiar dos judeus centro-europeu na época da emancipação; cabe agora acrescentar que, entre as atividades a que se dedicam, se contam com especial importância as de cunho intelectual e artístico. Na verdade, desde o final do século XVIII havia-se iniciado um movimento de integração da cultura européia por parte de certos judeus, particularmente nas regiões germânicas; este movimento, cujas raízes remontam ao Iluminismo europeu e cujo ímpeto cresceu com a Revolução Francesa, com a propagação das idéias liberais e com o advento do romantismo, deu origem a um fato social novo: o surgimento do intelectual judeu de língua alemã. O exemplo clássico desta nova estirpe é o poeta

Heinrich Heine, e sua vida testemunha toda a ambigüidade do fenômeno.

Atraídos pela cultura européia, pela filosofia, pela música e pela literatura, estes intelectuais abandonam o mundo cultural judaico; mas, festejados e rejeitados ao mesmo tempo, trazem para seu novo ambiente um olhar penetrante, próprio de quem está simultaneamente dentro e fora. Esta relativa excentricidade do ponto de vista permite captar certos aspectos da vida social que permanecem ocultos, pelo próprio fato de serem óbvios, para aqueles que sempre viveram imersos numa determinada atmosfera cultural. Além disso, o risco sempre presente da rejeição aguça o desejo de tornar-se igual ao grupo majoritário, observando nos menores detalhes o que se deve ou não deve dizer e fazer.

De onde um efeito paradoxal, admiravelmente descrito no *Castelo* de Kafka (outro descendente da linhagem de Heine): "estas pessoas que o olhavam com tanta desconfiança começariam a falar quando ele se tivesse tornado não, talvez, seu amigo, mas enfim seu concidadão; e quando ele já não pudesse ser distinguido de Gerstäcker e de Lasemann – e era preciso que isto ocorresse o mais rápido possível, era a chave de toda a situação – todos os caminhos se abririam para ele..." O paradoxo consiste precisamente em que aquilo que para Gerstäcker e para Lasemann é natural e imediato – o sotaque, o jeito de andar, os hábitos mais banais – é para o estrangeiro um assunto da mais extrema gravidade, e passa pela mediação de um observar incessante e perplexo, de um adaptar-se primeiro pelo pensamento e depois pela ação – o que acaba por distingui-lo ainda mais radicalmente dos demais. Daí um tom vagamente falso, indefinivelmente estranho, que o singulariza exatamente no momento em que tudo faz para se manter anônimo e perder-se na multidão.

Penso que este fator é relevante para explicar, embora não exaustivamente, o caráter de *inovação* próprio à contribuição de tantos judeus à cultura européia do século XIX e até o advento do nazismo. Ao mesmo tempo dentro e fora desta cultura, vendo-a com uma ótica muito peculiar, sem o peso da tradição e do longo convívio com o *natural*, muitos deles vieram a questionar precisamente a *naturalidade* de certas normas e de certos padrões de comportamento. Pensamos em Wittgenstein e na crítica ao "círculo natural" da percepção e da linguagem, em Husserl e na fenomenologia, em Einstein e na relatividade, em tantos autores da tradição socialista, e, claro, em Freud e na psicanálise. Isto não esgota, evidentemente, a questão: houve outros, não-judeus, que questionaram as mesmas coisas, e inúmeros judeus que as aceitaram tranqüilamente. Mas creio que o fato de estes homens serem judeus agnósticos ou convertidos (o deísmo de Einstein nada tem a ver com a religião judaica) desempenha um papel de relevo na constelação de fatores que os levaram a desenvolver idéias revolucionárias em seus respectivos campos de investigação.

O caso de Freud, portanto, está longe de ser único, embora possua traços que o singularizam ainda mais. Pois para ele o judaísmo, se por um lado se identifica com o calor de um convívio familiar e com o humor desabusado das histórias de que tanto gostava, tem por outro a conotação de um empecilho, de um lastro a mais que lhe cabe carregar: é a discriminação difusa de que se vê cercado, já em seus anos de estudante, e que posteriormente dificultará sua nomeação para o cargo de professor da Universidade. Este aspecto de sua condição judaica – a que se refere na mensagem à sociedade Bnei Brit – é vivido com grande ambivalência; se ele é a fonte da tenacidade com que persevera, contra tudo e contra todos, no caminho que lhe indicam suas descobertas, é igualmente a razão pela qual sente que tudo é mais difícil para ele do que para os outros. Em especial, a origem judaica de seu autor lhe parece um dos fulcros sobre os quais se apóiam as resistências contra a psicanálise; como dirá a Abraham, "esteja certo de que, se eu me chamasse Oberhuber, minhas idéias teriam encontrado oposição bem menos intensa".

Podemos, pois, sintetizar em grandes linhas o sentido de referência reiterada ao fato de ser judeu na abertura da *Auto-Apresentação.* O que o atrai não é tanto o conteúdo da religião judaica, mas a alegria de viver e o calor humano que encontra entre os judeus; este é o cimento de uma comunidade à qual se sente intimamente vinculado e cujo representante típico não é nem o comerciante nem o estudioso, mas um tipo humano freqüente nas anedotas judaicas, que se define por sua marginalidade e por seu espírito inventivo, por sua tenacidade e por sua astúcia brejeira, e pela crença inabalável na vitória do intelecto sobre a força bruta. É alimentado por estas forças obscuras mas calorosas da convivência intragrupal que o judeu Freud encontra forças para perseverar e abrir com pertinácia seu caminho em meio à hostilidade surda da sociedade majoritária. É ainda alimentado pelas mesmas forças que identifica na "arquitetura psíquica" do judeu um elemento de extrema importância para balizar sua rota: a ausência dos preconceitos "que inibem outros no exercício de seu intelecto". Esta afirmação surpreendente exige esclarecimento, pois equivale a postular uma afinidade essencial entre o judaísmo e o que chamamos habitualmente de "espírito científico"; ou, pelo menos, a dizer que o ateu que o é por ter abandonado o judaísmo está em condições mais privilegiadas do que o ateu de origem cristã, para não falar do cristão (caso de Jung). Para compreender o sentido desta idéia de Freud, convém examinarmos brevemente o que representa para ele a ciência.

3

“Um lugar nas fileiras da humanidade laboriosa...”

Aqueles que vêem na psicanálise um produto da mente judaica – e tanto faz que esta seja valorizada positiva ou negativamente – esquecem um fato determinante: ela não surgiu nos bancos de uma academia talmúdica ou na ascese da meditação mística, e sim a partir da experiência de Freud no tratamento das neuroses, em seu consultório de especialista em moléstias nervosas. Por importante que seja o elemento judaico em sua formação, é impossível deixar de lado a educação ocidental por ele recebida, no ginásio austríaco e na Universidade de Viena.

Esta educação enfatiza dois elementos: a cultura humanística e a ciência, e ambos foram avidamente absorvidos por Freud. Seus escritos são pontilhados de citações da literatura poética, dramática e novelesca, que conhecia bem; entre os autores que admirava, figuram os clássicos gregos e latinos, Shakespeare, Cervantes, Goethe, Heine, Schiller, além de numerosos escritores contemporâneos, como Stefan Zweig, Arthur Schnitzler, Thomas Mann, Henrik Ibsen, Émile Zola e outros. Na obra destes homens, encontrou não apenas um grande prazer estético, mas ainda inquietações universais, modelos para seu estilo – de uma clareza e de uma precisão extraordinárias – e, como dirá muitas vezes, a descrição dos processos mais obscuros da alma humana, que, em seu entender, prefiguram muitas das descobertas da psicanálise.

Mas esta disciplina não é um ramo da literatura; no espírito de Freud, ela é uma parte da ciência. Possui um objeto próprio, o inconsciente e suas leis; um método específico, a interpretação do discurso dos pacientes na "situação analítica"; um critério para a formação dos investigadores, a análise pessoal e o estudo dos textos teóricos pertinentes. Baseia-se na descrição dos fenômenos observados na situação analítica e na formulação de leis gerais a partir deles; constitui um corpo de conhecimento acumulados pelos meios adequados, transmissíveis a quem desejar se apropriar deles, verificáveis desde que se respeitem suas condições de emergência e retificáveis por observações mais cuidadosas ou por teorias mais pertinentes. Enfim, como afirma Freud numa de suas conferências, ela é fundamentalmente uma disciplina científica, partilha da visão de mundo da ciência e deve ser avaliada pelos critérios aceitos da cientificidade.

Esta é a posição de Freud, apresentada inúmeras vezes em seus escritos. Deste ponto de vista, a circunstância de ter sido ele e não outro o descobridor do inconsciente é completamente fortuita: sendo o inconsciente uma realidade "objetiva", no sentido de não ser apenas uma ficção da mente de Freud, acabaria por ser "descoberta" mais cedo ou mais tarde, como se descobriu a estrutura atômica da matéria ou a lei da gravitação universal.

Ocorre que, infelizmente, as coisas estão longe de ser assim tão simples. É certo que a psicanálise não se reduz à aventura espiritual de Freud; transformou-se num movimento institucionalizado, é praticada por milhares de terapeutas que jamais estiveram em contato pessoal com ele, e suas afirmações encerram uma verdade que independe de quem as tenha formulado pela primeira vez. Mas também é certo que o papel de Freud não foi apenas fundar um novo ramo do conhecimento, como Euclides, Hipócrates ou Galileu. E isto porque, ao designar como seu objeto o inconsciente, o psicanalista encontra-se envolvido neste objeto de maneira muito mais radical do que o médico, o físico ou o geômetra.

Pois para "descobrir" o inconsciente, não basta observar cuidadosamente os fenômenos ou ser capaz de extrair dele as leis que os governam; é necessário ter vencido as "resistências interiores" a que alude a passagem da *Interpretação dos Sonhos* mencionada anteriormente. A superação destas resistências foi o maior feito de Freud; e como isso não é uma aquisição definitiva da humanidade, mas tem que ser realizado de novo por cada paciente e por cada psicanalista, os escritos em que Freud documenta seus procedimentos e suas conclusões não têm apenas um caráter fundador, mas sobretudo um caráter *exemplar*. Neles estão contidos, por um lado, a descrição e a conceptualização dos fenômenos do campo psicanalítico, assim como a exposição dos métodos que permitem estudá-los; mas por outro lado, estão contidas igualmente as pegadas do inconsciente do próprio Freud, o primeiro a ser jamais analisado. Cada análise é uma repetição da experiência inaugural, tanto nos processos psíquicos que revela – processos que por isto merecem o nome de universais – como no caráter absolutamente singular das vivências, recordações e fantasias que constituem o mundo interior de cada pessoa. O paradoxo da psicanálise é que nela se acede ao universal através do cuidado extremo prestado à natureza singular de cada experiência psicanalítica. Nisto ela se diferencia das ciências da natureza e se assemelha a disciplinas como a história ou a crítica literária: assim como os processos universais da luta de classes ou da criação artística, o complexo de Édipo ou a transferência só existem *incarnados* em entidades individualmente específicas, nas quais se manifestam de modo sempre singular.

Daí as reservas que podem ser legitimamente feitas à concepção de que a psicanálise é uma ciência como a física ou a biologia. Ela trabalha com o *sentido*, e seu método não é experimental, mas interpretativo, pois o sentido não é nunca imediatamente evidente. Isto não significa que ele seja arbitrário; contudo, sua descoberta passa pela subjetividade do investigador de modo decisivo, já que ela implica a superação das resistências deste mesmo investigador. Por esta razão, a condição fundamental para ser psicanalista é ter sido psicanalisado, já que somente a experiência de uma psicanálise pessoa permite identificar as resistências e sensibilizar o psicanalista para o tipo especial de fenômeno sobre os quais irá se debruçar. Na verdade, como diz Jacques Lacan, o problema não é tanto saber se a psicanálise é ou não uma ciência, mas perceber de que modo ela subverte a noção que habitualmente fazemos da ciência.

Isto faz surgir uma outra questão: se há discrepância entre o que a psicanálise efetivamente é e o que Freud afirma que ela seja, como explicar tal mistério? Pois poderíamos supor que ninguém melhor do que ele para definir a natureza de seu empreendimento; e, justamente, tal suposição está equivocada. Freud, afinal, também tem suas limitações, e uma delas é uma noção de ciência demasiado estreita, calçada na filosofia positivista prevalecente no final do século XIX, e que Merleau-Ponty caracterizou como "o pequeno racionalismo". E o mais paradoxal é que a própria atividade de Freud contribuiu para minar a filosofia implícita em suas teses sobre a ciência, isto é, a filosofia que considera a *objetividade* algo exterior e mecanicamente oposto à *subjetividade*, que imagina o observador neutro diante dos fenômenos e sua situação particular unicamente como possibilidade de deformação da verdade "objetiva". O inconsciente não é nem "subjetivo" nem "objetivo" no sentido positivista, e sim uma entidade que estilhaça estas divisões estanques e contribui para que a critiquemos e as superemos.

Se isto é assim, cabe perguntar por que Freud pensava de modo diferente. A resposta pode ser buscada em duas direções: na atmosfera cultural de seu tempo e nos significados particulares de que se revestia a idéia de ciência para o indivíduo Sigmund Freud. Na atmosfera cultural: a psicanálise não surgiu em qualquer momento, mas na Viena dos fins do século XIX, em meio a profundas transformações na sensibilidade e no pensamento até então vigentes. E nos significados particulares: Freud nos ensinou que o racional mergulha no emocional, que a inteligência também é governada pelas paixões, que o conteúdo manifesto de uma idéia se ancora numa complexa rede de desejos e de pensamentos latentes. Nada mais justo, pois, do que aplicar à sua idéia da ciência as concepções que sua disciplina afirma terem um valor de verdade universal. Talvez assim se esclareça o paradoxo de que, na questão da ciência da psicanálise, Freud não tenha sido capaz de extrair as radicais conseqüências de sua descoberta.

• • •

Viena é célebre sobretudo no campo da música: Mozart, Beethoven, Schubert, Mahler, Brahms e tantos outros fizeram dela o centro musical da Europa durante mais de dois séculos. Capital de um império multinacional que congrega uma dezena de povos cujo folclore musical é riquíssimo, habitada por reis e aristocratas cujo mecenato possibilitou a existência material de orquestras e compositores, Viena reunia condições ideais para se converter na cidade-símbolo das artes musicais. Esta musicalidade está associada a outros elementos importantes: um grande amor pelo teatro e pela decoração visual, um catolicismo que se exprime com vigor no estilo barroco, uma tendência para encarar a vida com um misto de bonomia e de frivolidade, um apego extraordinário às formas da cortesia e da polidez. Talvez se possa opor utilmente a atmosfera das civilizações do vinho e da cerveja; uma sociologia que se ocupasse das bebidas típicas revelaria possivelmente surpreendentes conexões entre os líquidos e os caracteres étnicos... O fato é que a imagem de Viena é de uma cidade alegre e despreocupada, que reserva o melhor de suas energias vitais para o cultivo da arte de viver e para os prazeres da boa mesa, do bom vinho e da boa música, embalada no suave ritmo de suas valsas.

Esta imagem, porém, é superficial, não só porque oculta outros traços menos simpáticos, mas sobretudo porque privilegia a própria superficialidade. Quando pensamos na música vienense, ocorre-nos de imediato um tema de Strauss ou uma ária de opereta, melodias bonitas mas sem maior conteúdo musical. Viena não apreciou o trágico de Mozart, que transparece através da imagem "porcelana rococó" produzida pela limpidez da linha melódica; permaneceu indiferente a Beethoven e a Schubert, e opôs-se resolutamente ao cromatismo wagneriano. O conservadorismo do público vienense contrasta com as sucessivas revoluções musicais de que a cidade, um pouco a contragosto, foi palco; na própria época de Freud, as inovações de Schönberg e de Alban Berg foram recebidas com ruidosa hostilidade.

O mesmo se verifica no campo da arquitetura. A Viena moderna foi edificada em grande parte na segunda metade do século XIX, época do triunfo econômico da burguesia. A vitrina da cidade é a Ringstrasse, grande avenida circular em que se localizam edifícios importantes, como o Parlamento, a Universidade, a Ópera, a Câmara de Vereadores, o Teatro Municipal. O estilo arquitetônico destas construções diz muito sobre a ideologia vigente no tempo da juventude de Freud: a burguesia vienense não criou um estilo próprio, mas, considerando-se herdeira de todo o passado da humanidade, quis dar a cada prédio uma aparência que traduzisse a essência da instituição nele abrigada. Assim, o Parlamento é decorado com colunas gregas (visto que a democracia é um legado de Atenas), a Universidade ostenta uma fachada clássica (pois o saber laico é uma herança do Renascimento), a Câmara Municipal é em estilo gótico (evocando a origem medieval da autonomia dos burgos). Cada construção remete, pois, a um momento desta história recuperada imaginariamente, e testemunha a integração igualmente imaginária de todos os momentos na forma julgada suprema da civilização, a saber, a

Belle Époque da estrada de ferro, do telégrafo – e da valsa. São monumentos que têm o mesmo significado que a recusa da inovação musical: garantirem a imagem plácida de uma sociedade imaginariamente indivisa, que recolhe em si os tesouros do passado e com este recolher pensa poder dispensar-se de enfrentar suas contradições reais. Tudo aquilo que possa perturbar esta imagem, de um acorde dissonante a uma greve operária, é rejeitado como signo de desordem; e o privilégio do passado, visto como o desenrolar-se de uma progressão indolor rumo ao presente glorioso, indica uma visão que nega a historicidade intrínseca do social, isto é, sua capacidade de instituir o novo sob todas as suas formas.

Ora, os conflitos não desaparecem por encanto através deste expediente. Viena é, no fim do século XIX, o centro de um Império que corre o risco de se esfacelar sob o peso das lutas nacionais e sociais. Diante destes processos desagregadores, a monarquia adota a atitude do imobilismo, dando a impressão de uma solidez que na verdade inexiste. A figura do velho Imperador

Francisco José, com suas vastas suíças e seu olhar de avô complacente, paira sobre um Estado que, nas palavras de Hermann Broch, "era bom para ser guardado no museu". E a produção intelectual e artística da geração que atinge a maturidade entre 1895 e 1905 – exatamente na época em que surge a psicanálise – tenderá a criticar impiedosamente este estado de coisas, esta atmosfera surdamente opressiva, mascarada pela imponência da arte oficial e pela frivolidade impressa nos costumes e nas mentalidades.

O fato é que, nestes poucos anos, surgem movimentos de renovação em todas as áreas. A arquitetura se despoja do excesso antifuncional da ornamentação; a pintura, com Klimt e o grupo de *Sezession*, rompe com o academicismo e se lança à busca de formas ora mais oníricas, ora mais geométricas; na literatura, na música, na filosofia, surgem tendências cujo denominador comum é o esforço para liberar o meio de expressão das convenções até então admitidas, que passam a ser percebidas como incapazes de traduzir o conteúdo desejado. Vão aparecer assim o expressionismo, o simbolismo, o dodecafonismo e, no outro extremo, a preocupação pela pureza das formas e pela funcionalidade do objeto que conduzirá à Bauhaus. É como se a sensação difusa de sufocamento, de estranheza, de não-reconhecimento de si nas formas convencionais buscasse um alívio, seja na manifestação de conteúdos até então considerados impróprios para a expressão artística (o grotesco, o onírico), seja pelo refinamento do meio expressivo, até o ponto de este se tornar digno de consideração por si mesmo e quase autônomo em relação ao que se exprime através dele.

A psicanálise é, pois, contemporânea desta transformação fundamental, a princípio limitada a poucos círculos de iniciados, mas que no decorrer do século XX alcançará milhões de pessoas em vários continentes. O curioso é que Freud, apesar da profunda afinidade de seu trabalho com este conjunto de modificações, permanece inteiramente à margem dos grupos em que ela se efetiva. Não conhece os artistas e escritores que a realizam, não sofre sua influência nem os influencia. E, no entanto, é impossível negar a afinidade entre sua disciplina e a atmosfera destes anos. Basta pensar nos procedimentos técnicos de que ela se vale, a livre-associação e a interpretação: ambas introduzem um novo regime do discurso, liberam-no da sua significação imediata, convidam à suspensão do raciocínio lógico e do esforço de dar a cada termo um sentido unívoco. Através da livre-associação e da interpretação, emerge o inconsciente, isto é, a região onde não prevalecem os princípios da lógica, onde o tempo inexiste, onde os opostos coincidem, e onde o "pensamento" obedece aos mecanismos do "processo primário", a condensação e o deslocamento, que engendram sonhos, lapsos, atos falhos e chistes.

Aquilo que diferencia Freud de seus contemporâneos é precisamente o seguinte: estas regiões obscuras, estes processos misteriosos, são para ele *problemas científicos*. Não se trata de exprimir o inefável, mas de estabelecer correlações, de descrever fenômenos, de procurar as leis a que eles obedecem. A intuição genial de Freud é simplesmente ter considerado a neurose como a via de acesso ao funcionamento do psiquismo, admitindo que o anormal difere do normal apenas em *grau* e não por *natureza*. Ele estendeu o princípio biológico de estudar as disfunções como descontroles ou inibições da função normal ao estudo da mente, sem recuar diante das evidências que iam se impondo quando avançava por este caminho desconhecido.

As descobertas freudianas irão chocar Viena no que ela tem de mais precioso: a sua imagem de si mesma. Freud não verbera a hipocrisia da arte burguesa nem condena as injustiças sociais, ao menos neste momento inaugural. Mas atinge dois dos fundamentos da ideologia dominante: a crença no predomínio inconteste da racionalidade e a inocência da instituição familiar. Todos sabem que a psicanálise vê na sexualidade um dos fatores determinantes do comportamento humano; o conceito freudiano da sexualidade, porém, vai muito mais longe do que a função reprodutiva e o funcionamento dos órgãos genitais. A colocação da sexualidade no centro da vida anímica e a atribuição ao complexo de Édipo de um papel estruturante para a identidade psíquica continuam a ser hoje, apesar das aparências em contrário, tão escandalosas quanto na época em que Freud as enunciou pela primeira vez. Viena as recebeu com incredulidade primeiro e com ódio depois; atacou e caluniou seu autor; e, quando não foi mais possível ignorar o trabalho de Freud, cercou-o de uma aura de escândalo e atribuiu as afirmações da psicanálise à origem judaica do seu fundador.

Ora, além do horror ante os conteúdos pelo inconsciente, que os vienenses certamente estão longe de ser os únicos a alimentar, o que os perturbava tão profundamente? Penso que se trata da exigência de sinceridade, da recusa de qualquer subterfúgio e de qualquer compromisso com a hipocrisia, que caracterizam o tratamento psicanalítico e os escritos de Freud. Vimos que a atmosfera de Viena é artificialmente avcludada, cuidadosamente preservada do choque com o lado obscuro da realidade, que tende a ser absorvido sob o rótulo do pitoresco ou do inevitável, mas que de qualquer modo é preferível deixar em silêncio. A revolução freudiana é uma revolução em nome da verdade e em nome do direito à palavra, que violentam a tranqüilidade autocomplacente e exigem a remoção dos cosméticos ideológicos de que se cerca a vida quotidiana, especialmente a vida quotidiana da *Belle Époque*, envolvida pela repressão sexual, pelos edifícios ornamentados e pela linguagem conduzida pelo excesso de polidez ao esvaziamento da intenção significante. Não é de admirar, pois, que Viena hostilize Freud e considere suas teorias como fruto de uma mente doentia. E Freud devolve à cidade este ódio apaixonado, exprimindo-o em inúmeras passagens de sua correspondência, como estas linhas dirigidas a Wilhelm Fliess: "Odeio Viena com um ódio verdadeiramente pessoal e, ao contrário do gigante Anteu, sinto retornarem as forças tão logo levanto o pé da cidade paterna..."

Ora, o que dá a Freud a força de continuar em seu caminho solitário? Em parte, vimos, sua identificação com um grupo secularmente mantido fora da "maioria compacta"; mas igualmente a convicção de que aquilo que tanto escandaliza seus contemporâneos é *verdade*, e é verdade porque foi atingido através do único procedimento apto a produzir verdades, isto é, a investigação científica. Para ele, a ciência tem um compromisso irrevogável com a realidade e com a objetividade; é notação do real, independente dos preconceitos e das peculiaridades de cada investigador. Não nos cabe discutir se tem ou não razão a este respeito; o fato é que, para ele, a acusação mais injusta que se pode lançar contra a psicanálise é da arbitrariedade de suas conclusões. Na 26ª das *Conferências de Introdução à Psicanálise*, lemos uma de suas mais firmes declarações neste sentido:

> nem por um momento devem os senhores supor que o ponto de vista psicanalítico seja um sistema de idéias especulativo. Pelo contrário, é o resultado da experiência, sendo fundado sobre observações diretas e sobre conclusões inferidas destas observações. Após vinte e cinco anos de pesquisa, posso afirmar lhes, sem parecer presunçoso, que nossas observações são fruto de um trabalho particularmente intenso, difícil e absorvente.

Estas últimas palavras permitem ver que a concepção freudiana da ciência se estriba numa ética do trabalho científico. Aquilo que se atinge pela observação cuidadosa e pela inferência legítima, pelo trabalho honrado, adquire o direito de ser considerado verdadeiro, até que outro conhecimento, mais adequado, seja obtido pelos mesmos métodos e obedecendo aos mesmos princípios. A verdade é inseparável, por sua vez, da universidade: é inconcebível que 2 + 2 = 4 seja verdadeiro aqui e falso ali, ou que a Terra seja imóvel no tempo de Aristóteles e gire no de Galileu.

E aqui passamos a um outro plano: da significação íntima da ciência para Freud. A ciência é aquele elemento da cultura ocidental que, por sua independência da pessoa do investigador – pelo menos segundo Freud – por sua pretensão à verdade, à objetividade e à universalidade, *funciona como antídoto contra a diferença infamante.* Freud é alguém que busca o triunfo e a glória, que é movido por uma grande ambição, como confessa francamente na *Interpretação dos Sonhos.* A este desejo se opõe, ou pelo menos se antepõe, sua condição de judeu e de homem pobre. Ele escolherá, pois, como rota para a vitória, aquele caminho que a cultura de seu tempo e de sua sociedade designa como digno por si mesmo, como válido pelos resultados que alcança e não pela origem de quem os alcançou. Os cientistas são, como afirma em *O Futuro de uma Ilusão*, os servos do deus Logos, cuja voz, por apagada que seja, é insistente e não descansa enquanto não se faz ouvir.

> Nunca pude compreender por que deveria envergonhar-me de minha origem ou, como já começava a se dizer então, de minha raça. Renunciei pois sem grande emoção à conacionalidade que me era negada. Pensei com efeito, que para um zeloso trabalhador sempre haveria um lugar, por modesto que fosse, nas fileiras da Humanidade laboriosa...

A ciência é portanto caracterizada na *Auto-Apresentação* como a via para o universal, via que se opõe à arte, na qual a subjetividade tem um papel presente, à filosofia, que para Freud não se curva com suficiente humildade ante a variedade do real e ante a necessária limitação do nosso saber acerca dele, e à religião, que nega o desvalimento humano mediante o recurso à ilusão infantil de que um Pai Celeste vela por nós. Ora, esta via para o universal começa por se desprender das aparências para investigar o que se oculta atrás delas e as sustenta: movimento oposto ao que vimos descrever a ideologia, em sua versão vienense-burguesa.

Mas, como vimos, Freud não atribui à sua vocação científica a disposição para manter-se infenso à sedução da "maioria compacta"; atribuía à sua condição de judeu. A ciência opera uma passagem do sensível para o inteligível, do visível para o invisível, do que pode ser apreendido pela experiência imediata dos sentidos para aquilo que pode ser comprovado pelo raciocínio abstrato, que parte de premissas certas e chega a conclusões necessárias. E, por mais extraordinário que pareça, Freud atribui esta revolução essencial no pensamento humano a um personagem que nunca deixou de obcecá-lo: o profeta Moisés. "Por ser judeu, estava livre de muitos preconceitos que toldam a outros e exercício de seu intelecto..." Desvendamos um dos sentidos desta afirmação: no espírito de Freud, a ciência, como descoberta do racional e do sentido por trás das aparências caóticas, tem um parentesco intrínseco com a recusa das imagens sensíveis e com o advento de um Deus invisível que se manifesta pela palavra. Mas ela continua a parecer paradoxal. Para compreender seu alcance, é preciso investigar os múltiplos aspectos da relação de Freud com o fundador do judaísmo; estas relação é tão intensa e tão decisiva que, a partir desta perspectiva, é possível compreender muitas dimensões de seu caráter e de sua obra.

4

"Algo surgido do abismo..."

Um dia, estendida sobre o divã, a paciente de Freud queixou-se de que as perguntas e intervenções deste último a impediam de se concentrar e de desenvolver suas idéias. Por que, em vez de interrompê-la a cada momento, ele não a deixava falar em paz? Num gesto de audácia, Freud aceitou a proposta: nascia assim o método característico da psicanálise, a livre-associação.

Este episódio é exemplar. Atesta, principalmente, que para a invenção da psicanálise não pode ser desprezada a importância daquelas a quem ele chamava, respeitosamente, de suas “geniais histéricas”. Em segundo lugar, assinala o ponto de ruptura entre a nova forma de “tratamento psíquico” e a medicina: nesta, o saber está sempre do lado do doutor, e a descrição dos sintomas, de sua localização e de sua origem, tem por finalidade permitir àquele descobrir de que doença sofre o paciente, para em seguida prescrever o tratamento adequado. Ao renunciar ao interrogatório sistemático, deixando o discurso do paciente percorrer todos os meandros associativos, o psicanalista abandona a posição daquele que *sabe* para assumir a daquele que *escuta*, coisa absolutamente diferente. O pressuposto deste gesto aparentemente paradoxal – já que os paciente busca o tratamento porque julga que o psicanalista sabe o porquê de seus sofrimentos, e também a maneira de livrá-lo deles – é que o paciente, embora ignore o motivo de sua dor psíquica, nem por isto deixa de conhecê-lo: é um saber sem saber, ou melhor, um saber excluído da consciência.

A primeira contribuição das “geniais histéricas” à história da psicanálise foi realizada por uma delas que jamais foi analisada: a jovem conhecida pelo pseudônimo de Anna O. Tratada por Josef Breuer, a moça inventou o que chamava de *talking cure*, ou *limpeza de chaminé*: sob o efeito da hipnose, empregada para alargar o campo de sua memória, ela respondia às perguntas do médico acerca de origem de cada um de seus variados sintomas, os quais, por meio desta rememoração, desapareciam de cena. Este trabalho de eliminação dos sintomas pela recordação falada de sua origem foi denominado "método catártico", pois o que parecia ocorrer era a liberação das reações emotivas a certos eventos traumáticos, reações que por uma razão qualquer não haviam podido ser expressas na ocasião dos traumas. Revendo este caso após a interrupção do tratamento, Breuer e Freud formularam a primeira versão de uma teoria destinada a dar conta de sua relativa eficácia: os sintomas seriam manifestações *a posteriori* das reações inibidas. De sorte que a revivência imaginária da situação traumática, sob o efeito da hipnose, permite liberar através da fala os "efeitos estrangulados", o que teria a virtude de efetuar uma descarga – ou catarse – destes afetos, eliminando assim a razão de ser dos sintomas.

"Os histéricos sofrem de reminiscências": nesta fórmula se concentrava o essencial da teoria. O sintoma teria um sentido simbólico, de figurar uma reação inadequada ao presente mas apropriada a um momento anterior; daí a necessidade de retornar ao passado a fim de desfazer as barreiras que se opunham à exteriorização destas reações. Freud, porém, não se contentou com estas explicação, que na verdade encerrava muitos enigmas: por que a reação não pudera ser expressa? O que tornava traumático um acontecimento na aparência banal? Como dar conta da permanência do trauma? Por que a hipnose auxiliava a catarse? Aos poucos, foi modificando a técnicas de Breuer: abandonou a hipnose, porque nem todos os pacientes se prestavam a ser hipnotizados; desenvolveu a técnica de "concentração", na qual a rememoração sistemática era feita por meio da conversação normal; e por fim, acatando a sugestão da jovem anônima, abandonou as perguntas – e com elas a direção da sessão – para se confiar por completo à fala desordenada do paciente. Da técnica hipnótica, reteve apenas o hábito de fazer deitar-se o paciente num divã e a idéia de que a chave da neurose estava nas experiências pregressas da pessoa.

E começaram a ocorrer coisas curiosas. Muitas vezes, o paciente sentia-se embaraçado e interrompia o fluxo da narrativa: o assunto ou a imagem que lhe ocorrera caíra sob o impacto de uma crítica, por ser penoso ou suscitar vergonha, ou ainda por parecer irrelevante para o tema em pauta. Freud reconheceu neste embaraço a ação de uma força psíquica que se opunha à revelação do pensamento incriminado, e a denominou *resistência*. Supôs também que esta força fosse a mesma que, anteriormente, havia contribuído para a gênese de sintoma e que agora colocava obstáculos à sua desaparição: e chamou a este processo *defesa* ou *repressão*. Surgia assim a representação de um conflito psíquico, conflito entre desejos ou pensamentos cujo conteúdo poderia ser chocante e uma força que os mantinha afastados da consciência, embora não pudesse destruí-los por completo. E para descrever o modo de existência destes conteúdos psíquicos, cuja não-expressão consciente os tornava patogênicos, forjou o conceito de *inconsciente.*

O trabalho da análise podia então ser concebido como a descoberta e a comunicação destes conteúdos inconscientes, através da *interpretação* do discurso consciente, o que teria por efeito desafazer as repressões, eliminar os sintomas e portanto liberar o paciente de seus sofrimentos. O próprio discurso consciente – as palavras pronunciadas na sessão – seria determinado parcialmente pelo material reprimido, que lutava para atingir a expressão, e parcialmente pela força repressora, agindo em sentido oposto: de onde a justificativa de livre-associação, que só na aparência é livre, já que as palavras do paciente encontram-se submetidas à ação simultânea das duas forças, embora ela não saiba disso.

Processo trabalhoso, lento... e ineficaz. Pois Freud se enganava ao pensar que bastaria comunicar ao paciente o sentido inconsciente de suas palavras para curá-lo de seus sintomas neuróticos; na verdade, esta comunicação tem que ser feita no momento adequado, quando o paciente pode aceitar a interpretação e elaborá-la por si mesmo. O grande problema da técnica psicanalítica é saber discernir este "momento adequado", sem o que a interpretação só aumenta as resistências. Mas nosso objetivo não é examinar o que se passa numa psicanálise, para o que, aliás, as indicações acima são muito insuficientes; queremos apenas assinalar as principais etapas da invenção do método psicanalítico. O fato é que, para grande surpresa sua, Freud constatou que a grande maioria dos pensamentos e desejos reprimidos era de ordem sexual, e que as experiências sexuais de caráter patogênico eram situadas pelas pacientes na época de sua infância. Destes dados, extraiu a conclusão de que as neuroses eram determinadas por fatores sexuais e, mais precisamente, por uma experiência na qual a criança teria sido seduzida por um adulto, isto é, teria sido estimulada a ter sensações ou a praticar atos que poderiam ser caracterizados como de natureza sexual.

A publicação destas conclusões gerou enorme escândalo nos círculos científicos de Viena; um psiquiatra famoso chegou a qualificá-las de "conto de fadas científico". Na verdade, Freud acreditava serem experiências reais o que posteriormente viria a descobrir tratar-se de *fantasias*; muito embora a teoria da sedução contivesse uma parcela de verdade – pois a sexualidade advém à criança pela ação dos adultos, e mais particularmente de seus pais – a crença na veracidade dos relatos de sedução havia-lhe ocultado a dimensão da *realidade psíquica*, na qual, como escreverá a Fliess, "não se pode distinguir um fato realmente ocorrido de uma ficção investida efetivamente".

A descoberta de que se equivocara num ponto tão fundamental atirou Freud numa crise interior de grandes proporções; ou melhor, agravou extraordinariamente uma crise que havia começado com a morte de seu pai, ocorrida alguns meses antes. "Algo surgido do abismo de minha própria neurose se opõe a que eu faça progressos na compreensão das neuroses", confidencia a Fliess. E para descobrir do que se tratava, Freud decide aplicar a si mesmo o tratamento que inventara: a partir do outono de 1897, através do estudo sistemático de seus sonhos, empreende a auto-análise que abriu a rota para a consolidação de sua disciplina.

Os primeiros resultados desta auto-análise são extraordinários. Freud chega a reconstituir vários episódios de sua primeira infância, a recuperar imagens e pessoas há muito esquecidas, como sua babá "velha e feia", a viagem de trem de Freiberg para Leipzig, na qual "despertou minha libido em relação a *matrem*", como conta, num latim pudico, a Fliess, as lutas infantis com seu sobrinho, um ano mais velho que ele, e com a irmã deste etc. E destas recordações extrai sua mais importante descoberta:

> Ser absolutamente sincero consigo mesmo é um bom exercício. Só me ocorreu uma idéia de valor geral. Também em mim comprovei o amor pela mãe e os ciúmes contra o pai, a ponto de agora considerá-los como um fenômeno geral da primeira infância [...]. Se é assim, compreende-se perfeitamente o feitiço apaixonante do *Édipo-Rei.* [...] O mito grego retoma uma compulsão do destino que todos respeitamos, porque percebemos sua

existência em nós mesmos. Cada um dos espectadores foi, em germe e em sua fantasia, um Édipo semelhante, e todos retrocedemos, horrorizados, ante a realização efetiva (desta fantasia), dominados pelo pleno impacto de toda a repressão que separa nosso estado infantil de nosso estado atual.

Notemos que Freud não utiliza a peça de Sófocles para *justificar* o que posteriormente chamará de complexo de Édipo; ao contrário, como observa Conrad Stein, "é a constância dos desejos incestuoso e parricida que lhe permite perceber que o conteúdo reprimido do complexo de Édipo retorna na lenda grega". Notemos também como se estabelece um conceito psicanalítico: é a partir da *singularidade* de um conteúdo atingido não pela introspecção, mas pela interpretação das associações referentes a um tema inicialmente presente na consciência, que tal conteúdo toma valor exemplar e se univeraliza, funcionando então como instrumento interpretativo para a análise de outros, no caso da tragédia do rei de Tebas.

Ao contrário do que pode parecer à primeira vista, não há arbitrariedade alguma neste procedimento, já que os mecanismos e processos inconscientes nao existem *in abstracto*, e sim apenas incarnados nas vivências e fantasias dos diferentes indivíduos. A história de Édipo contada por Sófocles, como a história de Hamlet contada por Shakespeare, são outras tantas atualizações, artisticamente elaboradas, da constelação de desejos incestuosos e parricidas que estrutura o funcionamento do psiquismo humano. Por que é assim, e não de outro modo, é uma questão cujo esclarecimento exigiria que expuséssemos toda a teoria psicanalítica.

O fato é que, na tragédia de Sófocles, Freud discerne um segundo elemento de semelhança com seu trabalho:

> a ação da peça consiste simplesmente numa revelação habilmente diferente, e que se vai ampliando passo a passo – comparável ao trabalho de uma psicanálise – ao cabo da qual se descobre que o próprio Édipo é não apenas o assassino de Laio, mas ainda o filho da vítima e de Jocasta.

Investigação, portanto, das origens, do sentido do oráculo, que implica um desvendamento paulatino do passado e termina com a reconstrução da trajetória do indivíduo: com um "tu és isto", como diz algures Jacques Lacan.

As referências literárias de Freud não são jamais gratuitas. A "revelação habilmente diferida" faz pensar em certas peças de Ibsen – autor que Freud conhecia bem – como *Rosmersholm* e *Os Espectros*, nas quais a eficácia dramática também se apóia na descoberta gradativa do que ocorreu há muito tempo, e onde a questão crucial é, nas palavras de Gunnar Brandell, como escapar à herança do passado, expressão que caracteriza muito bem o que está em jogo numa psicanálise. A novela policial, aperfeiçoada por Conan Doyle na mesma época em que Freud redigia seus primeiros trabalhos, vai na mesma direção; e as semelhanças entre Sherlock Holmes e Freud são maiores do que poderia parecer à primeira vista. Um filme recente (*The Seven per Cent Solution*) chega a atribuir ao detetive britânico o mérito de ter ensinado ao Dr. Freud a arte de dedução a partir de indícios significativos e que passam habitualmente despercebidos.

Comédia à parte, é certo que o estilo de investigação freudiano, ao menos na década de 1890, é marcadamente "policial" – na teoria da sedução, não se tratava de descobrir um culpado? Os casos clínicos narrados por Freud têm a estrutura de contos policiais, por vezes até nos nomes dos capítulos (por exemplo, em *O Homem dos Ratos*, "O Complexo Paterno e a Solução da Idéia dos Ratos"); e, mais profundamente, a própria natureza do projeto de Freud, por ele mesmo definida como de um "conquistador", envolve a penetração de um mistério, a introdução de um sentido a partir de pistas fragmentárias, o esforço de raciocínio para levar em conta todos os dados e apenas os dados, a fim de atinar com a "solução" do quebra-cabeças a que os *Estudos sobre a Histeria* comparam uma neurose. Este trabalho é particularmente nítido na história do *Homem dos Lobos*, na qual, reconstituído o evento originador da neurose infantil, Freud demonstra que todos os fios da análise conduzem implacavelmente a este evento, que, portanto, *tem necessariamente de se ter produzido.*

A "solução" é buscada com especial afinco no caso do paciente Freud. "O Velho não desempenhou em meu caso nenhum papel ativo; minha 'originadora de neurose' foi uma mulher velha e feia...", escreve a Fliess logo no início desta auto-análise. A personagem principal da *Interpretação dos Sonhos*, em que podemos seguir, até certo ponto, o curso desta aventura prodigiosa, é o pai de Freud, Jakob, cuja imagem permanece viva no inconsciente de seu filho e com a qual se estabelece um confronto que se estende por vários anos. Debate que, como assinala Marthe Robert, tem todos os traços de um processo penal, já que é por obra de Jakob que Sigmund nasce pobre e judeu. Não nos cabe, evidentemente, reconstituir o percurso de auto-análise, mas creio ser importante assinalar dois aspectos relevantes.

Um deles é o desprezo de Jakob Freud pela cultura ocidental, que contrasta com sua veneração pela Bíblia, e que é responsável por grandes atritos com seu filho adolescente, o qual, como vimos, enxerga na ciência sua vocação e gasta com os livros dos "outros" mais do que pode (são alguns dos pensamentos latentes do sonho da *Monografia Britânica*). O segundo nos conduz a algumas experiências infantis decisivas para Freud, através de uma série de sonhos que têm como tema comum a cidade de Roma.

Na *Interpretação dos Sonhos*, os "sonhos romanos" introduzem uma seção intitulada "O Infantil como Fonte dos Sonhos". Nos fragmentos de interpretação que Freud comunica acerca deles, lemos que "o desejo de ir a Roma chegou a converter-se, em minha vida onírica, em símbolo e encobridor de vários outros, para cuja realização eu deveria trabalhar com toda a tenacidade..." Estes outros desejos são de natureza infantil, como fica claro pelos comentários subseqüentes. Ora, o desejo de ir a Roma não data da infância de Freud, mas surge, muito precisamente, após a morte de seu pai; e, durante quatro anos, ele cultiva esta "nostalgia de Roma", viajando todos os anos à Itália e *jamais conseguindo entrar na capital.* Trata-se de uma inibição de tipo neurótico, como ele mesmo confessa, cuja elucidação e desaparecimento mostram bem o sentido da auto-análise.

Os quatro sonhos o mostram em Roma, e em seguida, no próprio sonho, ele se dá conta de que o lugar é outro. Analisando o último da série, no qual se admira de que em "Roma" haja tantos cartazes em alemão, Freud remonta às recordações infantis que sustentam o sonho: esta "Roma" é Praga, ocorrem-lhe versos tchecos aprendidos há décadas etc., e continua:

> Durante minha última viagem pela Itália [...], depois de ter chegado até o Tibre e ter precisado retroceder, contra a minha vontade, estando a oitenta quilômetros de Roma, se me revelou o reforço que meu anelo pela Cidade Eterna recebe de determinadas impressões de minha infância [...]. Na minha viagem, eu havia seguido as pegadas de Aníbal; como a ele, havia-me sido impossível chegar até Roma [...] Aníbal, com quem me parecia a este respeito, fora meu herói favorito no ginásio. Ao estudar as guerras púnicas, toda a minha simpatia havia sido pelos cartagineses, e não pelos romanos. Depois, quando nas classes superiores vim a compreender as conseqüências de se pertencer a uma raça estranha ao país em que se nasceu, e me vi na necessidade de adotar uma atitude ante as tendências anti-semitas de meus companheiros, a figura do guerreiro semita se tornou ainda maior a meus olhos. Aníbal e Roma simbolizavam para

mim, respectivamente, a tenacidade do povo judeu e a organização da Igreja Católica.

O primeiro tema latente destes sonhos, portanto, é a vingança contra os anti-semitas: a nostalgia de Roma é também o desejo de conquistar Roma, de fazer prevalecer a "tenacidade" contra a "organização". E, a partir destes pensamentos, Freud chega ao acontecimento infantil que "manifesta ainda hoje seu poder em todos estes sonhos." Trata-se do célebre episódio do chapéu de pele: um dia, para mostrar a seu filho como os tempos haviam mudado, Jakob contou-lhe o seguinte:

> Quando eu era jovem, passeava um sábado pelas ruas da minha cidade natal, bem vestido e com um chapéu de pele novo. Veio um cristão, jogou meu chapéu na lama e gritou: "Judeu, desça da calçada!" – "E o que você fez?" – "Desci e apanhei meu chapéu", foi a resposta serena. Isto não me pareceu uma atitude heróica do homem grande e forte que me conduzia pela mão. Eu transformei esta situação insatisfatória em outra que respondia melhor a meus sentimentos, na cena em que o pai de Aníbal, Amílcar Barca, faz seu filho jurar diante do altar doméstico que se vingaria dos romanos. Desde então, Aníbal teve seu lugar em minhas fantasias.

O tema de Roma conduz assim ao judaísmo e à humilhação, mas também a seu pai, que se deixara tripudiar pelo membro da Igreja "romana". Identificando-se com Aníbal, Freud deseja vingar seu pai, mas, como nota Conrad Stein, deseja igualmente vingar-se *de* seu pai: "conquistar Roma é vingar o pai, destruindo um inimigo que é também seu pai", isto é, expulsando-o da linhagem e se atribuindo um genitor mais conforme a seus gostos. Roma, alvo de sentimentos contraditórios, substitui de certo modo a imagem de seu pai. É por esta razão que a nostalgia de Roma aparece com a morte de Jakob e dura todo o tempo do luto interior; quando finalmente Freud consegue vencer sua inibição e vai a Roma, esta viagem é um sinal de que o luto terminou. E é fácil perceber que o luto termina quando termina o essencial da auto-análise: a viagem se situa após a publicação da *Interpretação dos Sonhos*, obra que, como é dito no prefácio, "constitui minha reação à morte de meu pai – o acontecimento mais decisivo, a perda mais lancinante da vida de um homem".

A inibição de ir a Roma tem ainda um outro sentido. Roma figura também a "cidade paterna", Viena, católica e imperial, capital do Sacro Império Romano-Germânico, herdeira do cetro de Carlos Magno e dos imperadores latinos e objeto de intensos sentimentos ambivalentes por parte de Freud. Conquistar Roma é como conquistar Viena, obtendo o reconhecimento por seus trabalhos, que a cidade lhe nega teimosamente. O desejo de ir a Roma é contemporâneo do desejo de ser nomeado Professor, e a realização de ambos é quase simultânea: ao regressar de Roma, Freud se decide a dominar seus escrúpulos e a empreender os passos um tanto escusos necessários para vencer o anti-semitismo oficial. Através da influência de uma ex-paciente, obtém a nomeação, com o que, dado o prestígio dos títulos acadêmicos na Viena de então, garantia sua clientela, e portanto afastava o espectro da pobreza que tanto o preocupava.

Ir a Roma e obter a nomeação são duas facetas de um mesmo processo, a cura de sua neurose pessoal pela auto-análise, da qual o livro sobre os sonhos é parte integrante. Um dos elementos decisivos desta auto-análise é o levantamento de um persistente sentimento de culpabilidade, culpabilidade ante seu pai no contexto do Complexo de Édipo, mas também culpabilidade ante seus pacientes, engendrada pelo fato de lhes oferecer uma terapia de cujos fundamentos não estava seguro e cuja eficácia era discutível: enquanto não empreendeu sua solitária aventura, "algo surgido do abismo de minha própria neurose" opunha-se à elucidação do mistério das neuroses. Somente quando a psicanálise já tinha dado seus primeiros passos, unificando a psicopatologia, a interpretação dos sonhos e dos lapsos e a psicologia "normal", é que Freud se aventura a ir a Roma e a buscar de modo mais eficaz o reconhecimento que almejava. O fato de a psicanálise dar seus primeiros passos, porém, não é *causa*, mas *conseqüência* da auto-análise, através da qual Freud pôde liberar-se emocional e intelectualmente dos obstáculos criados para ele, como para todos nós, por sua história infantil.

Uma grande mutação se opera neste momento em sua vida, mutação visível em seus retratos.

Freud tem quarenta e cinco anos quando põe o pé, pela primeira vez, em Roma; antes disso, as fotografias que se conservaram mostram uma face inquieta, um ar decisivo e "conquistador", às vezes quase agressivo; vê-se que a expressão é de um homem que vive intensamente e que busca não se sabe o quê, algo que, no entanto, é patente ainda não ter sido encontrado. Ponhamos lado a lado uma foto destas e uma dos período posterior à auto-análise: vemos um homem maduro, de olhar penetrante, cabelos e barbas grisalhos, uma espécie de brilho interior. Há retratos tristes, retratos angustiantes, mas são raros; nas muitas fotografias, em que aparece ao lado de seus discípulos, o que chama a atenção é que justamente ele, e não os homens mais jovens, parece estar perfeitamente à vontade. A impressão ineludível é que estamos vendo não o rosto de um *sábio*, mas o de um *homem sábio*: alguém cujo eixo está em si mesmo, que renunciou à ilusões, que desceu aos infernos e regressou fortalecido da experiência. E nos anos posteriores a 1900 esta força interior lhe será, como veremos, extremamente necessária.

5

"A agitação e o ruído dos tempos atuais..."

Referindo-se, na *História do Movimento Psicanalítico*, ao silêncio hostil que se formou a seu redor quando começou a anunciar suas descobertas, Freud escreveu:

> Várias indicações me fizeram aos poucos compreender que as afirmações sobre o papel da sexualidade na etiologia das neuroses não podiam esperar ser recebidas como as demais contribuições (à ciência). Dei-me conta assim de que pertencia dali por diante àqueles que *perturbaram o sono do mundo* [...], não podendo contar com nenhuma objetividade ou consideração. [...] Decidi-me,

pois, a crer que havia tido a fortuna de descobrir algo de singular importância, e dispus-me a aceitar o destino associado a tais descobertas. Representava-me este destino da seguinte maneira: o resultado terapêutico positivo do novo procedimento permitir-me-ia subsistir, mas durante minha vida a ciência não teria de mim notícia alguma. Algumas décadas depois de minha morte, outro investigador, inevitavelmente, tornaria a se deparar com aquelas coisas que agora haviam sido recusadas por serem inatuais, conseguiria fazê-las reconhecer, e honraria meu nome como o de um precursor necessariamente desgraçado. Enquanto isto, Robinson em minha ilha deserta, arranjei-me o mais comodamente possível...

A resignação com o papel de precursor obscuro e redescoberto *post mortem* não corresponde inteiramente à realidade: o isolamento dos anos 1895-1905 foi para Freud doloroso e amargo, e somente às circunstâncias ainda mais amargas e dolorosas em que foi redigido estes artigo – no momento da ruptura com Jung, em 1914 – é que se podem atribuir os "encantos e vantagens" de que teria desfrutado quando era o único a praticar a psicanálise. Mas na ilha deserta logo aportaram, se não Sexta-Feira, pelo menos aqueles que podemos considerar como seus "Quartas-Feiras": seus primeiros discípulos. Foram chegando, aos poucos, médicos e intelectuais judeus como ele, e fundaram, num dia de 1902, a *Sociedade Psicológica das Quartas-Feiras*, que se reunia informalmente na sala de espera do consultório de Freud. Alguns deles – Rudolf Reitler, Otto Rank, Alfred Adler – estão ligados intimamente ao que viria a ser conhecido como o "movimento psicanalítico".

O principal, contudo, ainda estava por vir. Em 1905, Freud publica três de seus escritos mais importantes: o *Caso Dora*, os *Três Ensaios para uma Teoria Sexual* e *O Chiste e sua Relação com o Inconsciente*. São textos que mostram o vigor de seu pensamento, nos três setores a que dedicará o melhor de suas energias: a teoria propriamente dita, a técnica do tratamento das neuroses e a investigação de processos ou fatos aparentemente distantes do campo da psicopatologia, mas que sob análise revelam importantes afinidades com as formações do inconsciente. Este terceiro setor, freqüentemente – e erradamente – considerado como mera "aplicação" da psicanálise, é na verdade um dos eixos da investigação de Freud: e longe de ser apenas um passatempo ou um exercício destinado a persuadir o público da validade de suas teorias, mostrando a fecundidade delas na interpretação de temas menos escabrosos do que os sintomas neuróticos, a análise da cultura representa um momento essencial na constituição dos conceitos psicanalíticos.

O impacto das três publicações foi imenso, especialmente das duas primeiras. Freud apresentava a terapia de uma jovem histérica, com a discussão franca dos aspectos sexuais, e nos *Três Ensaios* introduzia noções chocantes, como da sexualidade infantil, da distinção entre o ato reprodutivo e o registro do prazer, das pulsões parciais como fonte das perversões, e outras da mesma índole. O escândalo foi tão grande que ultrapassou as fronteiras da Áustria. A partir de 1906, começam a procurá-lo jovens psiquiatras da Suíça, da Alemanha, da Hungria, da Inglaterra e de outros países. São estes homens – Carl Jung, Sándor Ferenczi, Karl Abraham, Ernest Jones, para só citar os principais – que irão formar o núcleo mais chegado de seus discípulos. Em 1909, Freud é convidado a ir aos Estados Unidos para dar algumas conferências sobre a psicanálise; e, como narra Jones, foi no navio que o levava a Nova Iorque que pela primeira vez percebeu que talvez fosse um homem famoso: o camareiro lia, atentamente, o pequeno volume da *Psicologia da Vida Quotidiana*...

O "movimento psicanalítico" começava a aparecer como uma força ponderável, através das publicações, da participação tempestuosa em congressos médicos, com a fundação de uma revista, com o primeiro encontro dos simpatizantes da nova disciplina (em 1908) e, a partir de 1910, com a organização das sociedades de psicanálise em Zurique, Berlim, Viena, Budapeste e Londres, agrupadas sob a égide da Associação Internacional, presidida por Jung. As relações de Freud com Jung e a estrepitosa ruptura de 1914 constituem um episódio fundamental para a compreensão de sua vida; por isto vamos nos deter um momento para considerá-las.

Jung era um jovem psiquiatra suíço, e já vimos que sua adesão ao movimento foi recebida por

Freud com grande entusiasmo. Trazia consigo a promessa de respeitabilidade acadêmica para a ciência maldita, além de dirigir um hospital de reputação européia, cujos pacientes, em grande parte psicóticos, ofereciam um campo de estudo e de aplicação da psicanálise capaz de ampliar seus conhecimentos e de consagrar definitivamente sua eficácia como método terapêutico. Além disso, Jung não era mais um obscuro médico judeu, e sim um cientista cujo nome traria à nova disciplina a caução de meios muito mais amplos do que a sufocante atmosfera de Viena. No espírito de Freud, Jung seria seu herdeiro, aquele que, após sua morte, levaria o movimento analítico a se firmar definitivamente. Comparando-se a Moisés, fundador de um novo pensamento, Freud considerava Jung seu Josué, como disse certa vez a Pfister: "Será Jung que, quando eu tiver morrido às suas portas, alcançará a Terra Prometida da psicanálise".

A correspondência entre os dois homens mostra claramente que se tratava de uma relação muito mais ampla e intensa do que a que une geralmente um mestre e um discípulo. Freud, aliás, sempre foi um homem apaixonado em suas ligações afetivas. As cartas que dirigiu a sua noiva, publicadas na década de 1950, revelam a formidável intensidade de seu amor, a violência de seus ciúmes e de sua ternura. O mesmo vale para as amizades. Entregava-se inteiramente e exigia o mesmo de seu amigo: o caso mais notável a este respeito é Wilhelm Fliess, a quem Freud se ligou intimamente durante a década de 1890. Também dispomos das cartas endereçadas a Fliess, que documentam dia após dia o processo de gestação da psicanálise, os anos tormentosos da auto-análise e as dúvidas, dificuldades e esperanças de Freud no "difícil caminho de sua existência". A relação com Fliess termina juntamente com a conclusão da auto-análise, com a viagem a Roma e com a nomeação para o cargo de Professor; ela marca o momento em que Freud, pela primeira vez seguro de si, deixa de necessitar ser aceito e apreciado por um homem cujas qualidades idealizava, cuja afeição e respeito lhe provassem que valia alguma coisa. Fliess foi o último dos avatares reais de uma figura paterna na vida de Freud.

Mas, com o surgimento do movimento psicanalítico, é o próprio Freud quem acede ao lugar do pai. Uma geração mais velho que seus discípulos, inventor da disciplina que os congregava, em pleno gozo de suas extraordinárias faculdades intelectuais e de certa forma amadurecido pela experiência da auto-análise, Freud estava bem situado para ocupar a posição paterna, não só no sentido metafórico de "pai da psicanálise", mas sobretudo no interior da relação transferencial que se estabeleceu entre ele e os jovens seguidores que o cercavam. É preciso levar em conta que nenhum dos primeiros psicanalistas, com exceção de Jones, foi formalmente analisado; era com Freud que discutiam aspectos mais ou menos íntimos de suas vidas, e era pela mão de Freud que penetravam até onde fosse possível no segredo de seus próprios inconscientes. Daí que sua relação com ele fosse em geral muito ambígua: era mestre, conselheiro, cientista, colega mais experiente e também, de certo modo, analista pessoal. Fatores inconscientes mesclavam-se, pois, às questões científicas ou de convívio social, resultando em situações altamente carregadas, nas quais o ciúme, a inveja, a agressividade, estavam sem dúvida presentes – e não só em relação a Freud, mas também no relacionamento dos seguidores entre si.

Estes elementos figuram com excepcional intensidade no caso de Jung, agravados pela fantasia de filiação que Freud alimentava a seu respeito. Jung não se conformou jamais com a perspectiva de ser Josué; brilhante, audacioso, muito cultivado, esbarrava porém num obstáculo fundamental: nunca aceitou o papel central da sexualidade, que era a pedra de toque da doutrina freudiana. As divergências foram se acentuando, especialmente a partir da fundação da Sociedade Internacional de Psicanálise, na qual Jung ocupava o posto de presidente. Suas pesquisas conduziram-no ao estudo da mitologia e das civilizações orientais, bem como do ocultismo, da astrologia e de outras disciplinas esotéricas, nas quais julgou encontrar uma chave para a compreensão do inconsciente, como vemos por estas linhas dirigidas a Freud:

> Sinto cada vez mais que uma compreensão completa da psique (se for, em geral, possível) só será atingida através da história ou com seu auxílio [...]. O que agora encontramos na psique individual – de modo comprimido, distorcido ou unilateral – pode ser visto, completamente desenvolvido, em épocas passadas. Feliz do homem que pode ler esses signos!

Na interpretação de Jung, a fantasia individual tem sua origem no que chamará posteriormente de "inconsciente coletivo", o qual poderia ser decifrado mais facilmente nos mitos e símbolos das tradições religiosas. Para Freud, ao contrário, são os símbolos e mitos que correspondem a elaborações e transposições de conteúdos psíquicos inconscientes, redutíveis em última análise aos impulsos fundamentais da sexualidade, da autopreservação e da agressividade. *Interpretar* significa portanto coisas opostas para os dois homens: para Freud, é *reduzir* um conteúdo às suas raízes pulsionais; para Jung, é *ampliá-lo* a fim de desvendar o símbolo ou o arquétipo que nele se manifesta.

A descoberta de um campo – a análise dos mitos e da civilização – no qual precede Freud em vez de segui-lo fornece a Jung uma oportunidade de manifestar sua oposição à teoria sexual. Na verdade, Jung nunca foi um psicanalista no sentido freudiano do termo, e a insistência de Freud em considerá-lo seu herdeiro revela uma singular miopia por parte de alguém habitualmente tão perspicaz na compreensão da alma humana. Jung não desejava ser herdeiro de ninguém, e as divergências entre ambos acabaram por conduzir a uma separação definitiva.

Freud atribuiu o afastamento do colega mais jovem às resistências interiores deste, no que provavelmente tinha razão, mas não sabemos se chegou a analisar o que estava envolvido em seu próprio desejo, naquilo que bem podemos considerar sua contratransferência em relação a Jung. A julgar pelos textos que redigiu durante e após a separação – *Totem e Tabu*, *O Moisés de Michelangelo*, *História do Movimento Psicanalítico* e *Para Introduzir o Narcisismo* – levou em conta certas objeções teóricas formuladas pelo psiquiatra de Zurique e procurou respondê-las também no plano teórico, modificando e aprofundando determinados aspectos da teoria sexual; mas o elemento pessoal envolvido na questão não foi ou não pôde ser diretamente elaborado. Ao contrário, há boas razões para supor que, especialmente no artigo dedicado à obra de Michelangelo, certos componentes de seu "complexo paterno" tenham encontrado na figura do profeta hebreu ao mesmo tempo uma ressonância e uma via de ocultamento.

O fato é que as dissidências verificadas no movimento analítico no período 1911-1914 giraram essencialmente em torno da primazia da sexualidade. Tanto Adler como Stekel e Jung tenderam a colocar como fundamento da vida psíquica outros fatores, como a vontade de poder (Adler) e a energia vital (Jung). Desta maneira, Freud descobriu que, além dos opositores da psicanálise, também alguns de seus próprios discípulos viam com maus olhos este pilar essencial de seu pensamento. Já lembramos que interpretou tais divergências como signo de resistência, e convém dizer uma palavra acerca deste procedimento, freqüentemente apontado pelos adversários da psicanálise como o cúmulo da arbitrariedade.

O psicanalista, dizem estes oponentes, tem sempre razão: quem concorda com sua teoria mostra que ela é adequada, quem não concorda está "resistindo" em virtude de suas repressões ou de seus complexos. "Cara eu ganho, coroa você perde", em suma. Tratar-se-ia de uma nova versão, mais sofisticada, do argumento *ad hominem*, o qual, em vez de refutar a idéia, a desqualifica atribuindo sua origem a determinadas características do interlocutor. Na verdade, o psicanalista pode, como qualquer um, equivocar-se quando interpreta. A correção de uma interpretação não depende do acordo de quem a recebe nem é invalidada pelo seu desacordo; sabendo que o "racional" repousa sobre poderosas motivações inconscientes, o psicanalista espera por indícios indiretos e convergentes para confirmar seu raciocínio.

No caso específico da teoria sexual, convém lembrar que Freud estava longe de ser o único a tematizar a sexualidade nos inícios deste século. Sexólogos como Havelock Ellis e psiquiatras como Krafft-Ebing haviam publicado volumosas pesquisas sobre o assunto, sem suscitar escândalo algum.

A diferença entre a posição destes investigadores e a de Freud, porém, não poderia ser mais marcante: para eles a sexualidade fundamenta fenômenos de natureza patológica, enquanto Freud a coloca no centro da vida psíquica *normal*. Enquanto o sexo é problema de loucos e de tarados, a ideologia pode repousar em paz, já que a designação de certos indivíduos como *anormais* conforta os outros em seus preconceitos.

As coisas mudam de figura, contudo, no momento em que a psicanálise passa a sustentar que as formas não-ortodoxas da sexualidade resultam de fixações e inibições no desenvolvimento sexual, isto é, da permanência em etapas infantis deste desenvolvimento. A criança surge assim não apenas como um ser sexuado, mas ainda como um "perverso polimorfo", na célebre expressão dos *Três Ensaios*. Dilui-se assim consideravelmente a fronteira entre o normal e o patológico. É isto que choca tanto na teoria psicanalítica: a afirmação de que a linha divisória não passa entre a "normalidade" e a "loucura", mas entre as estruturas neuróticas e as psicóticas, o que é muito mais inquietante. E se torna mais fácil conceber que o repúdio a este fato repouse sobre profundas raízes emocionais, já que a idéia de nossa "normalidade" é um dos fundamentos da imagem que habitualmente fazemos de nós mesmos. Daí que a avaliação da psicanálise seja muitas vezes feita, por aqueles que não a conhecem de dentro, nos termos evocados por Freud na passagem que abre este capítulo: "as afirmações sobre o papel da sexualidade na etiologia das neuroses não podiam esperar ser recebidas como as demais contribuições científicas... não poderiam contar com nenhuma objetividade ou consideração".

A resistência se estende, aliás, à própria psicanálise. É comum vermos falar na liberação do corpo, no fim da repressão sexual e em outros temas semelhantes, atribuindo-se a Freud o mérito de ter iniciado este caminho. Como ao que parece já avançamos nele muito mais do que seus vitorianos contemporâneos, disso resultaria que as teses de Freud se teriam tornado obsoletas. O mais curioso é que, nos dias de hoje, a forma mais sutil desta resistência seja a proliferação das psicoterapias "renovadas". A psicanálise é só para casos muito graves, o psicanalista é frio e insensível, o divã é uma relíquia da neurose do próprio Freud, que não gostava de ser encarado várias horas por dia, é mais importante "transar o corpo" – quem já não ouviu argumentos semelhantes?

A psicanálise não é, certamente, a panacéia universal, e tem contra-indicações precisas. Também é verdade que se trata de um procedimento longo e dispendioso, longo porque envolve alterações psíquicas que só se processam lentamente, e dispendioso porque o psicanalista estabelece seus honorários em função de um mercado em que ocupa a posição do profissional liberal (e os eventuais abusos praticados por psicanalistas não são inerentes à natureza da psicanálise). Mas como não discernir a voz do narcisismo ferido no desejo de substituí-la por tratamentos menos árduos, nos quais o penoso confronto com o inconsciente seja pelo menos suavizado? Não que uma psicoterapia comum não possa ajudar alguém; pode, e muito. Mas o que se verifica com freqüência é a usurpação do nome e do prestígio da psicanálise por formas de tratamento psíquico que não trabalham com o inconsciente no sentido freudiano, e, a pretexto de "humanizar" a relação terapêutica ou de apressar o que chamam de "alta", violam os preceitos mais elementares da disciplina freudiana.

Freud procurou sempre resguardar a psicanálise do risco insidioso de que terapeutas bem intencionados viessem a diluir as asperezas e as dificuldades da relação analítica. Mas a partida de discípulos tão brilhantes e tão intensamente apreciados, como Jung, o abalou profundamente. *Totem e Tabu* e *O Moisés de Michelangelo* são textos que trazem a marca do debate com o psiquiatra suíço: o primeiro, ao procurar elucidar os fundamentos da cultura, tema das pesquisas daquele, a partir dos conceitos propriamente psicanalíticos; o segundo, mais sutilmente, ao utilizar a imagem de Moisés como suporte para prosseguir no estudo da contratransferência e de seu próprio "complexo paterno".

A tese de *Totem e Tabu* é bem conhecida: a origem da civilização residiria no assassinato do pai primitivo, chefe de uma horda na qual possuiria todas as fêmeas e proibiria aos filhos de sexo masculino o contato com elas, matando ou castrando os que desobedecessem esta ordem. Um dia, os irmãos coligados matam o pai e devoram seu cadáver; para impedir que algum deles venha a ocupar a mesma posição, decidem que ninguém terá direito às mulheres do grupo e instituem assim a regra da exogamia. Esta teria sido a primeira lei da Humanidade. Uma vez morto o pai e saciado o ódio por ele, a vertente carinhosa da relação filial passaria a prevalecer, gerando o remorso pelo ato cometido. O pai teria sido transformado em totem e venerado pelos irmãos, os quais se absteriam de caçá-lo e matá-lo, exceto numa festa especial, que repetiria simbolicamente o crime primordial. Este seria a fonte do direito e da religião, além de inculcar no psiquismo humano o horror pelo incesto e o sentimento de culpabilidade, barreiras morais contra os desejos mais arcaicos e intensos do homem: matar o pai e cometer incesto com a mãe. O complexo de Édipo seria assim não só a base da vida psíquica, mas também o fundamento das instituições sociais.

O texto de Freud exigiria um exame minucioso, para eliminar a impressão que o leitor certamente terá formado: de que estas afirmações são completamente absurdas. Não nos cabe efetuar este exame. Quero apenas assinalar que, em vez de proceder como Jung, que vê na religião e na mitologia uma chave para elucidar o inconsciente, Freud procura nos resultados da investigação psicanalítica do inconsciente a chave para compreender as formas superiores da cultura. Se tem ou não razão neste ponto é outro problema, mas é óbvio que seu livro visa responder às teses junguianas.

Há mais: ao colocar no crime contra o pai o fundamento da associação dos irmãos, o texto freudiano ilumina de modo inesperado a situação vigente no interior do próprio movimento psicanalítico, por ele mesmo chamado muitas vezes de *horda selvagem*. Claude Le Guen assinala que o mito de *Totem e Tabu* pode ser lido como se fosse uma fantasia de Freud, fantasia pela qual ele se protegeria do temor de ser "assassinado" por seus filhos-analistas. E na verdade é mais do que uma coincidência que, por desejo expresso de Freud,

Jung tenha sido designado para presidente da Sociedade Internacional: filho-herdeiro e pai-presidente, o fato é que sua exclusão do movimento tem todas as características do parricídio simbólico, inclusive o efeito de soldar ainda mais intimamente a coesão da "horda". Saudando uma crítica escrita por Abraham às posições de Jung, Freud escreve ao primeiro: "este trabalho é, em suma, *aço temperado, puro e límpido*" (grifo meu). Como diz François Roustang, provavelmente o aço de que são feitos os punhais... E ao mesmo Abraham, semanas depois, Freud assinala: "É notável ver como cada um de nós é possuído, a seu turno, pelo impulso de golpear mortalmente, a ponto de os outros serem obrigados a retê-lo!"

É neste clima belicoso que se situa a redação de *O Moisés de Michelangelo*, único de seus trabalhos, aliás, que Freud publica *anonimamente*. Só este fato já basta para mostrar quão complicada é sua atitude ante este texto. Em resumo, Freud mostra que, contrariamente ao que diz a Bíblia, Michelangelo não retratou o profeta no momento em que este vai arremessar as Tábuas da Lei contra o povo judeu, que, impaciente por sua demora em regressar do Monte Sinai, fabricara um Bezerro de Ouro e resvalara para a idolatria. A posição das Tábuas e do polegar direito de Moisés mostra que, na concepção do artista, ele *renunciou* ao gesto colérico e conteve sua ira:

> Já não arrojará as Tábuas, pois precisamente por causa delas dominou sua raiva [...]. Pensou em sua missão, e por ela renunciou à satisfação de seu desejo. [...] A prodigiosa musculatura de Moisés é somente um meio somático para exprimir a mais elevada realização psíquica de que é capaz um homem, a vitória sobre suas próprias paixões em nome da missão a que se consagrou.

Freud conta como, muitas vezes, foi à igreja de San Pietro in Vincoli para admirar a estátua, e como se sentia ameaçado pelo olhar coruscante do profeta, como se este o visasse pessoalmente e estivesse a ponto de se levantar, atirando as Tábuas sobre a ralé idólatra, da qual ele próprio faria parte. Sabemos pela *Interpretação dos Sonhos* que o tema dos olhos está para Freud associado às figuras paternas: na noite da morte de seu pai, tem um sonho em que vê escritas numa tabuleta as palavras "Pede-se fechar os olhos". Fechar os olhos do morto, isto é, cumprir seu dever de piedade filial; mas também fechar os olhos como prova de indulgência, indulgência destinada a aliviar o sentimento de culpabilidade dos sobreviventes.

A transgressão audaciosa implicada no ato de desvendar o inconsciente é, sem sombra de dúvida, acompanhada em Freud por um intenso sentimento de culpabilidade, já trabalhado na época da auto-análise sistemática; mas como esta auto-análise prosseguiu, na verdade, durante toda a sua vida, temos aqui a oportunidade de verificar mais um momento de seu percurso: é neste registro que devemos ler a alusão aos olhos de Moisés, que são uma figuração da severidade do pai. Mas, se a conclusão do artigo mostra que Moisés não vai punir os transgressores, por que tanta angústia, a ponto de hesitar em apor sua assinatura no texto, como se o anonimato o protegesse magicamente da cólera paterna?

É que Freud não se identifica apenas aos "filhos" de Moisés. Diante de Jung-Josué, é ele próprio quem representa o herói bíblico, como, num dos sonhos "romanos", vira a cidade do alto de uma colina, exatamente na posição de Moisés contemplando a Terra Prometida de uma escarpa do Monte Nebo. Ambos são fundadores de uma nova doutrina, ambos trazem de sua experiência solitária as tábuas de uma nova lei, e ambos se defrontam com inovações que retrocedem aos tempos anteriores à sua mensagem. Mas, à diferença do Moisés representado por Michelangelo, Freud-Moisés não conteve sua cólera, não "renunciou às suas paixões", e fulminou Jung com o anátema da exclusão. Não é, pois, tão grande quanto seu modelo, e penso que é este, em última análise, o motivo de sua vergonha em assinar o artigo. Esta é, pois, mais uma faceta da relação imaginária de Freud com Moisés, e, pelas constelações em que podemos discerni-la, entre as quais a da polêmica com Jung, com tudo o que esta implica, é possível verificar quão ampla e quão profundamente ela contribui para informar certos aspectos decisivos de sua vida interior.

A ruptura com Jung não impede, porém, que Freud prossiga na elaboração de suas doutrinas.

Mais do que isto, certas posições de seu ex-discípulo são levadas extremamente a sério pelo mestre de Viena, e a tentativa de refutá-las conduz a um extenso remanejamento de alguns conceitos fundamentais da psicanálise, que resulta nos textos escritos entre 1914 e 1918: *Para Introduzir o Narcisismo*, *Metapsicologia* e a história clínica do *Homem dos Lobos.* "O ruído e a agitação do presente", como Freud caracteriza o ano de 1914 na *História do Movimento Psicanalítico*, e que o fazem pensar com nostalgia no período da *splendid isolation* que precedeu a chegada dos discípulos, não nos devem fazer esquecer a contribuição fundamental destes mesmos discípulos para a teorização freudiana, não só quando a prolongam, mas sobretudo quando a contestam. A frase com que se encerra a *História* tem um sentido que transcende a ironia: "Seja-me permitido concluir com o desejo de que o Destino conceda uma cômoda ascensão a todos aqueles para quem se tornou desagradável a permanência no inferno da psicanálise. E que os demais possam continuar tranqüilamente seu trabalho nas profundezas". Foi o que Freud fez, quase até o último dia de sua longa vida.

6

"A fantasia audazmente desvairada..."

A Primeira Guerra Mundial, que destruiu o mundo no qual surgiu a psicanálise, constituiu a princípio um rude golpe para a jovem disciplina. A coesão do movimento, já abalada pelas dissensões de Adler e de Jung, viu-se prejudicada pela dificuldade geral das comunicações e dos transportes, bem como pela mobilização dos discípulos mais chegados – Abraham, Ferenczi, Jones, Rank – e pelas restrições que o conflito impunha à continuidade das atividades científicas. Freud parecia ter retornado aos tempos do isolamento;

seu consultório esvaziou-se, a correspondência tornou-se mais esporádica, a vida material complicou-se com a escassez de alimentos e outros transtornos. Seus três filhos foram convocados e lutaram no exército austríaco; um deles, Martin, foi feito prisioneiro e permaneceu na Itália até meados de 1919.

Mas o desastre foi, na verdade, menos grave do que aparentara ser. A elaboração teórica passou a preencher muito do tempo de Freud; a necessidade de manter à tona as publicações analíticas e o desejo de apresentar uma síntese geral de suas concepções – motivado em parte pelo temor supersticioso de que morreria em 1918 – combinaram-se para dar origem aos importantes ensaios já mencionados. Além disso, o excelente trabalho dos psicanalistas como médicos militares – em particular no tratamento das "neuroses de guerra" – atraiu a atenção para as teorias que o fundamentavam. A psicanálise passou a ser vista como um instrumento valioso para tratar as doenças mentais, embora os "neuróticos de guerra" não estivessem sendo psicanalisados em sentido estrito. Os sinais de reconhecimento, entretanto, eram evidentes, e se materializaram na entusiástica acolhida feita pela Academia de Ciências de Budapeste ao Quinto Congresso Psicanalítico, em 1918.

Terminada a guerra e superadas as dificuldades dos primeiros anos que se lhe seguiram – a inflação, os invernos sem aquecimento, a instabilidade social e política que acompanhou o desmoronamento dos Impérios Centrais – a psicanálise retomou sua expansão intelectual e geográfica. Fundou-se uma editora, retomaram-se os contatos, realizaram-se pesquisas e congressos, criaram-se os primeiros institutos para a formação de novos psicanalistas. As idéias de Freud começavam a ultrapassar os círculos científicos e a ganhar a dimensão do "grande público": como o cinema, as saias curtas e o tango, elas se converteram paulatinamente num fenômeno de que era preciso "estar a par", ainda que, como podemos imaginar, de maneira bastante superficial.

Signos desta popularidade foram a introdução de termos técnicos da psicanálise no vocabulário do quotidiano e, no extremo mais espetacular, a proposta (rejeitada) de que Freud supervisionasse o roteiro de um filme da Metro, a ser intitulado *Os Grandes Segredos de Amor da História*. A celebridade, porém, não afetou de modo especial nem a existência nem o trabalho de Freud, que, no período final de sua vida (entre 1919 e 1939), introduziu importantes desenvolvimentos na teoria psicanalítica. Três deles merecem atenção especial: a nova teoria das pulsões, a "segunda tópica" e o estudo mais aprofundado da sexualidade feminina.

A psicanálise costuma ser definida como "psicologia profunda", pelo grande valor que concede aos instintos ou pulsões, concebidos como energias psíquicas de cujo conflito nascem as atividades mentais e emocionais. A primeira teoria das pulsões considerava fundamentais duas delas: a sexualidade e a tendência à autopreservação, correspondendo grosso modo a primeira aos elementos reprimidos da psique e a segunda aos elementos repressores. Esta distinção torna-se problemática, porém, com a introdução do narcisismo, que postula um investimento sexual do ego, anteriormente considerado como a sede das pulsões de autopreservação. O conflito psíquico parecia assim mobilizar não mais duas pulsões diferentes e irredutíveis uma à outra, mas dois aspectos da *mesma* pulsão, a sexual. Ora, deste modo ficava comprometido o dualismo pulsional, indispensável para fundamentar teoricamente a comprovação clínica do conflito psíquico.

Em *Além do Princípio do Prazer*, Freud propõe que tanto as pulsões sexuais quanto as energias vinculadas à autopreservação sejam agrupadas sob o nome de *pulsões de vida*, às quais se oporiam as *pulsões de morte*. O conceito de pulsões de morte resulta de uma série de considerações relativas à repetição, culminando com a tese de que, se a finalidade da vida é a morte e se a morte é um retorno ao estado inorgânico, seria lícito postular no interior do ser vivo uma tendência instintiva para a autodestruição, a qual, sempre em luta com as pulsões de vida, acabaria por triunfar delas e conduzi-lo à morte. Freud vê no masoquismo uma expressão psíquica desta tendência à autodestruição, e na agressividade, no ódio e no sadismo, *exteriorizações* dela, ou seja, seu direcionamento para objetos diferentes do próprio ser.

A introdução das pulsões de morte, embora não aceita por todos os psicanalistas, teve o efeito de chamar a atenção para os fundamentos da agressividade, até então pouco estudada pelos freudianos; suas manifestações, em particular sua expressão nos desejos de morte e de destruição que aparecem na análise de crianças pequenas, serão postas em destaque especialmente pelos trabalhos de Melanie Klein. Para Freud, a idéia de uma pulsão cuja finalidade é destruir o indivíduo abre o caminho para reformular vários de seus conceitos, entre os quais os de angústia e de culpabilidade. Surge a noção de uma instância psíquica encarregada de controlar, por meio dos mecanismos ligados à culpabilidade, os desejos inconscientes: Freud a denomina *superego*.

A constatação de que a atividade repressora do superego é em grande parte também inconsciente torna problemática a tripartição clássica do "aparelho psíquico" em inconsciente, pré-consciente e consciência, pois nela o termo *inconsciente* designa essencialmente o reprimido. Freud a substitui, pois, pela segunda versão da tópica (parte da metapsicologia que estuda a localização – *topos* – dos processos psíquicos), a conhecida divisão da mente em id, ego e superego. O id corresponde à fonte primária da energia psíquica, ao "lugar" de onde provêm os desejos inconscientes e onde se "armazena" o material reprimido. O ego é a instância que lida com a realidade exterior, a camada mais superficial da psique, onde se "localizam" (metaforicamente) as funções superiores, como a razão, a linguagem, a percepção, a consciência etc. O superego corresponde à consciência moral, que surge através da interiorização das normas sociais, a partir da proibição do incesto. A origem do superego reside na travessia do complexo de Édipo, experiência decisiva para a estruturação da identidade individual, e que se efetua de modo diferente nos dois sexos.

Esta questão o conduz a examinar mais detidamente o problema da sexualidade feminina, através do complexo de castração. As fantasias de castração se referem ao temor da perda de uma parte do corpo altamente valorizada – o pênis – como punição pelo desejo incestuoso. A "ameaça de castração" faria o menino reprimir seus sentimentos de desejo pela mãe e de assassinato do pai (seu complexo de Édipo), e deste cataclisma psíquico surgiria o superego, através do qual seria interiorizada a proibição paterna, resultando numa identificação com o pai e, portanto, no surgimento de uma identidade psicossexual masculina. A seqüência seria, pois, Édipo-castração-superego.

No caso da menina, o aparecimento de uma identidade psicossexual feminina pressupõe uma inversão da situação originária, na qual, assim como para o menino, o objeto de amor é a mãe. Teria de haver, portanto, um processo pelo qual o objeto inicial fosse abandonado e localizado no pai, passando a mãe de *objeto sexual* a *polo de identificação*. Em outras palavras, para que um bebê se torne menina no sentido psicológico, é necessário que abandone a identificação inicial com o pai e a desloque para a mãe, ao mesmo tempo em que o objeto incestuoso deixa de ser figurado pela mãe e passa a sê-lo pelo pai. Freud sugere que este processo seja desencadeado pela descoberta da ausência do pênis, que despertaria a hostilidade da menina em relação à mãe – culpada de tê-la "lançado ao mundo tão insuficientemente equipada" – e o desejo de possuir este órgão tão essencial. Este desejo passaria por várias transformações e culminaria com o anseio de possuir o homem dotado de pênis e ter um filho dele, ou seja, ser como a mãe para possuir o pai. De onde a seqüência inversa à do menino: em vez de o complexo de castração conduzir à derrocada do complexo de Édipo, ele o introduziria no psiquismo. O Édipo seria então abandonado de modo mais suave e gradativo, com o progressivo deslocamento do objeto do desejo do pai para outras figuras masculinas.

Poucas das idéias de Freud despertaram tanta controvérsia quanto estas afirmações a respeito da sexualidade feminina. Em particular, foram elas tachadas de retrógradas e machistas pelos recentes movimentos de libertação da mulher, como se correspondessem a racionalizações altamente sofisticadas, e por isto mesmo mais perigosas, dos preconceitos que tradicionalmente justificam a posição inferior do sexo feminino na sociedade.

Duas observações podem ser feitas a este respeito. Em primeiro lugar, Freud fala de um conteúdo inconsciente, de uma fantasia e de uma constelação de desejos radicalmente estranhos à consciência, e que só são atingidos por um longo trabalho analítico. Nada há de comum entre os conceitos psicanalíticos de inveja do pênis e de castração e a desvalorização ideológica da mulher como incompetente social; e o argumento de que poucas mulheres tenham jamais "sentido" inveja de um pênis não invalida a tese freudiana, posto que o sentimento consciente e a fantasia inconsciente *não se referem ao mesmo registro.*

Em segundo lugar, o que Freud aponta é muito mais radical do que suspeitam as feministas apressadas. Trata-se de uma idéia cujas implicações são imensas: homens e mulheres funcionam psiquicamente de modo diverso, em virtude da diferença decisiva da seqüência que resulta na formação do superego. Em outras palavras, a noção de *alma* ou de *natureza humana* se vê questionada pela introdução das "conseqüências psíquicas" da diferença sexual. Longe de implicar uma desvalorização do feminino, a posição de Freud permite a crítica de uma noção profundamente enraizada no pensamento ocidental, a de que há uma só "natureza humana", sugerindo que talvez esta "natureza" tenha sido calcada sobre um molde unilateral, porque exclusivamente masculino. A especificidade do feminino ganha assim um espaço inédito para sua reflexão e, embora esta ainda não tenha sido aprofundada como o poderia ser, é inegável que aí se encontra um novo e fascinante caminho.

Por outro lado, é fato que Freud não explorou estas possibilidades, deixando-as implícitas em sua formulação. Não nos cabe especular por quê; basta dizer que sua tese não esgota o problema, deixando na sombra, em particular, um aspecto importante para o qual têm chamado a atenção trabalhos psicanalíticos recentes: o caráter uterino, fecundo, invisível e envolvente da sexualidade feminina. Talvez isto se deva a suas resistências pessoais, ou a outras circunstâncias, entre as quais, em seus últimos anos, ter dedicado mais interesse a problemas diferentes. Entre estes, convém destacar o papel preponderante assumido pela análise da cultura: datam desta época textos como *Psicologia das Massas e Análise do Ego*, *O Futuro de uma Ilusão*, *O Mal-Estar na Cultura* e *Moisés e o Monoteísmo*.

Ernest Jones atribui esta tendência a se ocupar de questões culturais à liberação tardia da capacidade especulativa de Freud, a qual teria sido até então mantida sob rigoroso controle pelo lado propriamente científico de sua mente. A explicação não me parece muito convincente, por dois motivos. Primeiramente, porque separa a imaginação "especulativa" da prática "científica", o que é duvidoso: Freud talvez nunca tenha sido mais selvagemente especulativo do que quando forjou o conceito de inconsciente, quando discerniu na sexualidade um impulso fundamental da psique ou quando se aventurou pela interpretação dos sonhos. Escrevendo a Ferenczi em 1915, Freud afirma: "O senhor também pertence ao tipo produtivo e deve ter observado em si mesmo o mecanismo da produção: a sucessão da fantasia audazmente desvairada e da crítica impiedosamente realista". Esta fantasia desvairada é um requisito necessário a toda criação, seja ela técnica, científica, artística ou filosófica, porque é a condição indispensável para poder desprender-se do já estabelecido e partir em busca do *novo*. Freud era certamente dotado em grau superlativo desta faculdade que, à falta de termo melhor, proponho designar como *imaginação teórica*; e isto desde o início de sua carreira, e não apenas a partir de 1920. A "crítica impiedosamente realista", por outro lado, não está menos presente num texto tardio como *Análise Terminável e Interminável*, redigido dois anos antes de sua morte, do que em qualquer trabalho anterior. E, em matéria de desvario fecundo, que melhor exemplo do que *Totem e Tabu*?

Em segundo lugar, atribuir o interesse maior do último Freud por temas aparentemente afastados da psicanálise clínica à liberação de sua "capacidade especulativa" – cujo primeiro efeito seria a invenção do conceito de pulsões de morte – deixa na sombra a profunda relação existente entre este conceito e o dito interesse. Pois se a pulsão de morte é "muda" no psiquismo individual, sob sua forma exteriorizada como agressividade ela é eminentemente ruidosa no plano da civilização; e, conversamente, a interiorização das normas morais a fim de conter a agressividade introduz no próprio ser psíquico uma dimensão social. Pulsões de vida e pulsões de morte enfrentam-se, segundo Freud, tanto no nível psíquico quanto no dos grupos humanos, e na verdade sua postura subverte os conceitos usuais do "individual" e do "social". É por esta razão que encontramos em *Psicologia das Massas* o estudo da identificação e do enamoramento, em *O Mal-Estar na Cultura* uma análise minuciosa da agressividade, em *O Futuro de uma Ilusão* a dissecção da nostalgia infantil pelo pai e em *Moisés e o Monoteísmo* uma teoria da linguagem. Não se trata de "especulações", mas da introdução, no próprio tecido da teoria, da dimensão social que torna humana a psique do *Homo sapiens.*

Por outro lado, é certo que em sua interpretação da cultura Freud introduz elementos cuja origem não é propriamente psicanalíticas, mas que têm a ver com suas opiniões pessoais e com suas convicções íntimas. De modo geral, a cultura inclui para ele o conjunto das práticas sociais que regulam as relações dos homens entre si, as formas pelas quais eles se relacionam com a Natureza, e as dimensões imaginárias que permeiam umas e outras. A tarefa primordial da civilização consiste em proteger os homens da violência da natureza e da violência inerente às pulsões do inconsciente, que também são, de certo modo, um "fragmento de natureza". Para tanto, ela impõe restrições ao desejo individual e o obriga a tolerar uma certa quantidade de renúncia, posto que a realização simultânea e imediata de todos os desejos conduziria à aniquilação da espécie humana. Em particular, os desejos sexuais e agressivos têm de ser submetidos a controles cuja severidade é variável segundo as civilizações, mas que envolvem uma dose indispensável de repressão, a qual pode atingir níveis alarmantes e engendrar, como no caso da civilização moderna um sofrimento desnecessário que se manifesta como neurose.

Para consolar o homem desta frustração inevitável, a civilização proporciona vias de escape para o desejo, especialmente a religião, a filosofia e a arte, cujo fundamento último é a fantasia, na qual prevalece o princípio do prazer. Em contrapartida, a ciência figura a vitória do princípio de realidade, à medida que se curva ao real para melhor dominá-lo, desvencilhando-se das ilusões infantis e permitindo por isto obter satisfações limitadas, porém seguras, enquanto a filosofia, a religião e a arte permanecem, cada qual a seu modo, na esfera do infantil, isto é, na esperança de que desapareça a distância entre o desejo e sua realização.

Cada qual a seu modo: Freud distingue e hierarquiza estas três atividades culturais. A religião é a mais próxima das ilusões da infância: seu conteúdo básico é a nostalgia do pai, mais precisamente da proteção paterna diante dos riscos da existência. Em *O Futuro de uma Ilusão,* Freud desenvolve esta idéia até as últimas conseqüências, argumentando, a seu ver de forma convincente, que a "era religiosa" está a ponto de acabar, porque a ciência vai conquistando paulatinamente o território até então ocupado pelas explicações religiosas. É neste texto que podemos observar o peso do pensamento positivista na formação de Freud, que fundamenta sua crença tenaz nas virtudes do trabalho científico como único instrumento adequado para diminuir a infelicidade humana; a frase final soa quase como uma profissão de fé: "Não, nossa ciência não é uma ilusão. Seria, porém, uma ilusão esperar conseguir em outra parte o que ela não nos pode oferecer".

Quanto a filosofia, a atitude de Freud é de resoluto desprezo. Censura-lhe, primeiramente, o vício de reduzir o psiquismo à consciência, sem se dar conta de que esta não é nem o único nem o principal fator da vida psíquica; em seguida, critica nela a presunção de explicar a realidade por meio de um único princípio fundamental, o que acarreta uma tendência perniciosa à sistematização, processo pelo qual todos os fenômenos são encaixados num arcabouço construído pelo pensamento dedutivo a partir do princípio tomado como base. Não nos cabe discutir se esta visão freudiana da filosofia é ou não correta; o importante é assinalar que, para ele, ambos os defeitos podem ser reduzidos a uma única fonte: a valorização excessiva do "poder do pensamento", característica do narcisismo. Ao descurar a experiência e supor que o raciocínio dedutivo possa explicar tudo, o filósofo continuaria de modo mais sofisticado a pensar como o selvagem, para o qual a "onipotência das idéias" é o suficiente para transformar magicamente a realidade. O vício original da filosofia seria ampliado pela construção de "sistemas", estas longas cadeias de razões articuladas entre si a partir da intuição fundamental, e que, movidas por sua própria dinâmica, tenderiam a se afastar cada vez mais do real que pretendem explicar.

Esta imagem da filosofia proposta por Freud, apesar de muito distante do que o trabalho filosófico efetivamente é, tem no entanto o mérito de ilustrar por assim dizer pelo avesso uma característica essencial da psicanálise: seu *inacabamento necessário.* O pensamento de Freud tem um lado sistemático, no qual os conceitos se relacionam reciprocamente, fazendo por seu movimento surgir outros conceitos; mas é fundamentalmente não-sistemático, no sentido de que sua mola geradora não é o raciocínio dedutivo e sim um tipo de elaboração próximo da livre-associação. Esta afirmativa pode parecer paradoxal; contudo, uma leitura mesmo superficial de seus escritos mostra que eles não procedem do universal para o particular, nem dos princípios para as conseqüências. Ao contrário, partem de um detalhe qualquer e vão ramificando a exposição em várias direções, muitas delas apenas esboçadas ou deixadas em aberto, e obtendo seu efeito de persuasão mais pela *convergência das indicações* do que pela *linearidade do argumento.* Não é por acaso que a interpretação dos sonhos lhe parecia a "via régia" para a exploração do inconsciente: os meandros e os saltos da associação são mais adequados do que a lógica formal para constituir o modelo da investigação psicanalítica. A lógica, aliás, é boa aliada da resistência, porque busca preservar a univocidade do sentido, como bem sabem pacientes e analistas desde o início deste século.

E, no entanto, Freud é um iluminista; seu trabalho consiste em trazer para a claridade da ciência os processos mais obscuros da alma, em dar-lhes nomes e em descrever suas peculiaridades. A metáfora do "raio de luz nas trevas" ocorre muitas vezes em sua obra; a paixão mais fundamental de sua vida foi *saber*, e saber significa dissipar o mistério, colocar cada coisa em seu lugar, distinguir nitidamente o que antes estava misturado ou confuso. Mas, como nota Thomas Mann numa conferência sobre Freud, este está longe de ser um racionalista; se aprecia a "suave voz do intelecto", nem por isto deixa de reconhecer no emocional, no instintivo e no irracional o aspecto decisivo da psique. É neste ponto que sua concepção da ciência se mostra inadequada para caracterizar seu trabalho, como assinalamos anteriormente. Podemos dizer mesmo que a insistência no aspecto exclusivamente científico da psicanálise oculta um outro lado da obra e também da personalidade de Freud, que transparece em filigrana em sua atitude ambivalente em face da arte.

Vários de seus escritos estudam obras de arte ou analisam os mecanismos da criação: *O Poeta e a Fantasia*, *Leonardo*, *O Estranho*, *Dostoievski e o Parricídio*, *A "Gradiva" de Jensen* etc. A idéia central que os permeia é a seguinte: o artista é alguém dotado da capacidade de elaborar suas fantasias de modo tal, que suscitam no leitor ou no espectador um prazer intenso. Este prazer corresponde ao levantamento de uma repressão: o receptor da obra reconhece obscuramente nela seus próprios desejos e fantasias reprimidos, de modo que a culpabilidade que os acompanha deixa por um momento de ser tão intensa; o artista é, afinal, aquele que "nos permite gozar de nossas próprias fantasias inconscientes sem nos sentirmos culpados disso".

Por outro lado, o artista, em virtude de um contato mais íntimo com seu inconsciente, está em condições de descobrir aspectos dele que o tornam – e Freud insiste muito nisso – um precursor involuntário das descobertas psicanalíticas. Isto é para ele, ao mesmo tempo, motivo de satisfação e de embaraço:

A mim mesmo causa singular impressão comprovar que minhas histórias clínicas carecem, por assim dizer, do severo selo científico, e que apresentam um caráter literário. Mas consolo-me pensando que este resultado depende por completo da natureza do material e não de minhas preferências pessoais. [...] Uma exposição detalhada dos processos psíquicos, tal como estamos habituados a encontrar na literatura, permite-me chegar, com auxílio de algumas fórmulas psicológicas, a um certo conhecimento da origem de uma histeria.

"Consolo-me"... Parece haver aqui uma perda, um motivo de tristeza. É forçado pela "natureza do material" – portanto obedecendo ao cânon da investigação científica – que Freud se aventura pelo território do escritor. Mas, ao fazer isto, se por um lado ressente-se da ausência do "severo selo científico" no resultado de seu trabalho, por outro se dota dos instrumentos necessários para trazer ao redil da ciência um material até então considerado rebelde a ele, e por isto mesmo exclusivo da literatura.

No entanto, cabe notar que não é somente na exposição dos resultados da psicanálise que Freud corre o risco de ser confundido com o artista: é *no próprio movimento de seu trabalho.* Reflitamos:

o psicanalista convida o paciente a deixar surgirem suas fantasias, seus desejos e anseios mais secretos, a "tornar consciente o inconsciente". A crença subjacente a este procedimento é que, sem dúvida, desta maneira o inconsciente perderá parte de seu poder, poder eminentemente maléfico e demoníaco, de sorte que, por uma de suas facetas, a psicanálise se aparenta às técnicas do exorcismo. Há um aspecto desta prática que remete à máxima do oráculo de Delfos – *Conhece-te a ti mesmo* – e este aspecto subentende que o conhecimento (ainda que não só intelectual) tem a virtude de salvar e de curar. Mas, por outro lado, há um risco de cumplicidade com este lado obscuro da mente, posto que o analista também possui um inconsciente. "Ninguém que, como eu, conjure os mais selvagens dos demônios semidomesticados que habitam a alma humana, pode esperar sair ileso da tentativa", escreve Freud no *Caso Dora.* Penso que a insistência na cientificidade da psicanálise tem, entre outras, uma função defensiva contra uma tentação inerente ao trabalho analítico, e, mais do que uma tentação, uma dimensão essencial deste trabalho: a de reconhecer sua potencialidade de criação, de invenção – em suma, de resvalar para o domínio infinito e perigoso do imaginário.

Freud, como todo psicanalista, certamente não permanecia imune ao discurso e à sedução de seus pacientes. Sua exigência em solicitar do analista uma neutralidade absoluta, em negar inúmeras vezes o efeito erótico nele produzido por seu trabalho – o que é patente, por exemplo, no *Caso Dora* – parece-me comprovar esta afirmativa. Não que o psicanalista deva afastar-se da postura neutra em relação a seu paciente – ela é condição indispensável para que a análise possa ser realizada. Mas para Freud há claramente uma dificuldade em conciliá-la com a natureza emocional da relação analítica, e uma prova disso é seu silêncio quase permanente quanto ao que chamamos hoje de *contratransferência*, a não ser para denunciá-la como um obstáculo ao prosseguimento da terapia.

Numa conferência de 1905, reportando-se a uma frase de Leonardo da Vinci, Freud compara a sugestão à pintura e a psicanálise à escultura:

enquanto aquelas procedem *per via di porre*, estas operam *per via di levare*. Em vez de *colocar* – seja tintas na tela, seja a influência do terapeuta na mente do paciente – elas buscam *extrair* – a forma do mármore, o desejo inconsciente da fala do analisando. Outras vezes, é na cirurgia que encontra um paralelo para a psicanálise. Creio que estas metáforas indicam algo muito importante: no espírito de seu fundador, a psicanálise é um instrumento cortante, acerado, parecido com um bisturi ou com um cinzel. Há uma boa dose de agressividade nessas comparações, que contrastam com outra, também freqüente: o trabalho paciente do arqueólogo, que reconstitui uma história perdida a partir dos fragmentos desenterrados cuidadosamente de um campo de ruínas. Perfurar e reparar são os dois lados deste conteúdo, que só transparece em certas alusões e que bem podemos comparar a uma fantasia.

Freud se define, numa carta a Fliess, como um conquistador: há, porém, conquistadores como Cortez e conquistadores como Don Juan. O desejo de saber, e de conquistar para o conhecimento regiões tão desconhecidas quanto a América antes de Colombo, é reconhecidamente a mola fundamental da empresa freudiana, e não é casual que seus interesses o tenham conduzido a explorar fenômenos tidos até então por inexplicáveis, da ação da cocaína à estrutura da histeria e ao significado dos sonhos. Mas também é verdade que, após peregrinar por vários ramos do saber, Freud acabou por fixar-se naquele que concerne à sexualidade. No *Leonardo* e em *Teorias Sexuais Infantis*, ele assinala que a fonte última do desejo de saber e do impulso a raciocinar abstratamente é a curiosidade sexual infantil, cujos temas onipresentes são a origem dos bebês e o que acontece entre papai e mamãe no quarto proibido. Ora, as primeiras respostas a estes problemas são impregnadas pela fantasia. E a fantasia do conquistador se superpõe à do cirurgião e à do escultor: as três realizam um desejo de penetração, de defloramento, de exploração de segredos que em última análise são os segredos do corpo materno, cuja figuração sublimada é a Natureza. Daí, talvez, a fantasia reparadora do arqueólogo...

Arte e ciência têm, pois, sua raiz comum na fantasia; mas para Freud elas se distinguem radicalmente, o que não deixa de ser paradoxal, já que seu próprio trabalho sugere que a diferença entre ambas seja bem menor do que ele mesmo supõe. Isto é, Freud denega com insistência todo um lado de seu trabalho, como se desejasse exorcizar um risco implícito e sentido como ameaçador: o de transgredir a fronteira ambígua entre a ciência e a arte. Uma observação de Havelock Ellis, que apontava precisamente este lado "artístico" da obra freudiana, o irritou profundamente, a ponto de escrever a Jones: "eis aí a forma mais refinada e mais amável da resistência, considerar-me um grande artista a fim de prejudicar a validade de nossas pretensões científicas". Mas talvez seja possível inverter a frase e discernir nela a resistência do próprio Freud a um aspecto fundamental de si mesmo, designada por Monique Schneider com a expressão muito feliz de "resistência ao imaginário". E se ele caracteriza o trabalho do artista como sendo de natureza a permitir ao destinatário da obra a fruição não culposa de suas próprias fantasias, conduzindo assim a um levantamento relativo da repressão, tampouco é possível ignorar que o convite do psicanalista à livre-associação envolve promessas que, afinal, não deixam de ter um sentido semelhante...

A situação analítica permite que se verifique o fenômeno denominado *regressão*. Na regressão, as estruturas da personalidade adulta tendem a se dissipar, e surgem os desejos arcaicos, sentidos como perigosos e aterrorizadores, já que sua efetuação implicaria a realização imaginária da onipotência infantil. Em seu belo livro *L'Enfant Imaginaire*, Conrad Stein mostra como a regressão, se pensarmos até seu limite último, desemboca na dissolução da individualidade e no retorno fantasmático ao ventre materno, isto é, numa imagem apta a figurar a realização do incesto. A intervenção do analista é assim vivida, entre outros aspectos, como pondo termo a este processo regressivo e, portanto, pode ser equiparada à função paterna, que é precisamente proibir o incesto. Configura-se assim, no interior do trabalho analítico, um conflito dramático que corresponde à situação edipiana. Sem entrar na discussão deste problema, convém notar que o domínio materno aparece sob o ângulo da psicanálise como uma região indistinta e absorvente, enquanto o princípio paterno envolve a instauração de limites e de barreiras que possibilitam a circunscrição de uma individualidade própria.

Esta oposição é mais sensível numa passagem de *Moisés e o Monoteísmo*:

> A renúncia mais antiga às pulsões, talvez a mais importante [...] perde-se nos tempos da pré-história [...]. Cremos que a onipotência do pensamento expressou o orgulho da humanidade pelo desenvolvimento da linguagem, que teve como conseqüência um estímulo extraordinário das faculdades intelectuais. Abriu-se para o homem o novo reino da intelectualidade, no qual obtiveram hegemonia as idéias, as recordações e os processos do raciocínio, em oposição às atividades psíquicas inferiores, cujo conteúdo são as percepções imediatas dos órgãos sensoriais. [...] *Esta passagem da mãe para o pai* também implica um triunfo da intelectualidade sobre a sensibilidade, *pois a maternidade é demonstrada pelo testemunho dos sentidos, enquanto a paternidade é apenas uma suposição, construída sobre uma premissa e uma conclusão* [grifos meus].

Aqui temos uma vinculação explícita entre, por um lado, o pai, a intelectualidade, a linguagem, o raciocínio e o pensamento abstrato, e, por outro, entre a mãe, a sensibilidade, os dados dos sentidos e a percepção imediata. Um passo decisivo na humanização do homem teria sido assim efetuado pela aquisição da linguagem, e este passo seria contemporâneo da "passagem" do princípio materno para o princípio paterno. Qual a relação entre estas duas coisas, aparentemente tão distantes? É que a paternidade se refere a algo *invisível* e que só pode ser indiretamente comprovado. A gravidez e o parto são visíveis "pelo testemunho dos sentidos", mas para descobrir quem é o pai é necessário pensar, isto é, estabelecer correlações entre eventos temporalmente distantes, como o ato sexual e o nascimento de um bebê. Para pensar, é preciso ainda *distinguir* as coisas umas das outras, e a função da linguagem, dando nomes estáveis às coisas a serem distinguidas, é um pré-requisito indispensável para o pensamento. Falar e raciocinar estão portanto vinculados entre si pelos atos de distinguir e de evocar o invisível, atos que envolvem uma ruptura com o contínuo indiferenciado da percepção muda e enraizada no sensível. Daí a ligação respectiva destas duas ordens de atividades psíquicas com o registro materno – domínio do indiferenciado – e com o registro paterno – domínio do limitado e nomeável.

O passo seguinte nesta trilha da intelectualidade é dado, segundo Freud, pelo advento do monoteísmo, que afirma a crença num Deus paterno e invisível e que se comunica com os homens não por meio da aparição visual, mas sim da linguagem. Ora, o criador do monoteísmo é o profeta Moisés, tema do livro de Freud. Este sustenta que Moisés teria sido não hebreu, mas um sacerdote egípcio do culto de Aton, que, diante da restauração do politeísmo no Egito, teria se retirado do país e levado consigo um bando de seguidores, que posteriormente se converteram no povo judeu. A doutrina mosaica, que privilegia o invisível e proíbe a adoração de imagens, formaria deste modo um elo fundamental na seqüência que desemboca no surgimento do espírito científico, o qual representa a expressão máxima do triunfo do racional sobre o aparente, da inferência que parte da observação mas não se limita a ela, transcendendo e negando o particular por meio da formulação de uma teoria universal. Portanto, a ciência está do lado do pai e, no imaginário de Freud, este pai tem o nome de Moisés.

Se nos lembrarmos agora que Freud se define como cientista, que na mensagem à Sociedade Bnei Brit afirma que "por ser judeu se encontrava livre de muitos preconceitos que toldam a outros o uso de seu intelecto", e que sua condição judaica é vivida com grande ambivalência pelas restrições que impõe à sua ambição, teremos várias pistas convergentes para elucidar o sentido da figura de Moisés, e, ao mesmo tempo, fazer surgir sob uma nova luz a significação da insistência na cientificidade de sua obra.

O responsável pelo judaísmo de Freud é seu pai, o mesmo que fora expulso da genealogia em benefício de Aníbal. Se Moisés é o pai da ciência e Freud se inclui na sua posteridade, há um substituto melhor para Jakob do que o guerreiro cartaginês: é o profeta bíblico. E se, como Freud julga ter demonstrado, Moisés não é judeu mas egípcio, este novo ancestral permite construir um "romance familiar" do qual está expurgada a condição judaica vivida como constrangedora, ou pelo menos o componente negativo a ela associado. "Descendo do egípcio Moisés, que se afastou da sensibilidade para prosseguir no caminho da intelectualidade, e ao fazê-lo fundou uma religião centrada no combate à imagem e à magia": este seria o conteúdo central do mito de origem construído em *Moisés e o Monoteísmo*. A resposta à questão do saber, saber sobre a sexualidade expresso no registro da linguagem racional e que representa também um avatar da pergunta pela origem dos bebês, receberia então a resposta decisiva: o bebê-cientista Sigmund Freud provém não dos amores de Jakob e de Amalia, mas da genealogia inaugurada por Moisés. E, aliás, por que se contentar com ser apenas um descendente? Na análise de seu sonho "revolucionário", o do Conde Thun, Freud já descobrira um desejo que talvez seja o emblema de toda a sua vida psíquica: "É ridículo orgulhar-se de seus antepassados. Prefiro ser eu mesmo o ancestral".

Diante da psicanálise, ele é efetivamente o ancestral; como o pai da horda primitiva, um ancestral que não teve de vencer seu próprio pai, que ocupa a posição originária na linhagem. A ciência que inventou é a ciência do invisível, do sentido latente, da cura pela linguagem: é um digno filho de Moisés e, mais ainda, digno de ocupar a posição deste último. A identificação com Moisés cruza-se aqui com a identificação com Édipo, o "que resolveu o grande enigma e foi o mais poderoso dos homens", como diz um verso de Sófocles mandado gravar por seus discípulos num medalhão que lhe foi oferecido ao completar cinqüenta anos. Sem dúvida, estas são as duas figuras mais importantes do imaginário freudiano, imaginário que se constrói e se exprime através da obra de sua vida.

A psicanálise é, pois, antes de mais nada, o caminho que Freud inventou para se auto-analisar, para se liberar de seus sofrimentos neuróticos e para exprimir livremente sua individualidade. Seu gênio consistiu em fazer isto de modo tal, que foi levado, como diz Castoriadis, a instituir "novas figuras do pensável" e a criar, por meio da exploração de seu inconsciente singular, um instrumento maravilhoso para a elucidação dos mistérios da alma dos outros. Fantasia e investigação, impulsos inconscientes e expressão literária, desejo de conhecer e elaboração paciente dos resultados fragmentários da realização deste desejo, romance familiar e descoberta de verdades universais, são aspectos indissolúveis da disciplina a que legou seu nome e que encontra em seus escritos a formulação exemplar.

• • •

No início deste livro, propus que nos deixássemos guiar por duas perguntas: por que foi Freud e nenhum outro o inventor da psicanálise, e de que modo a invenção da psicanálise ilumina o sentido de sua existência. Como todas as perguntas, estas também são representantes da questão fundamental: de onde vêm os bebês e o que fazem no quarto escuro papai e mamãe. Elas não admitem respostas simples; se este fosse o caso, não seria preciso perguntar o que fazia papai Freud no gabinete da Berggasse 19, no qual engendrou, com sua "fantasia audazmente desvairada" e com sua "crítica impiedosamente realista", o bebê psicanalítico. Bebê claramente do sexo feminino, a começar pelo nome, e com o qual, à imagem de Pigmalião tomado de amores pela estátua que criara, Freud deu origem à genealogia dos psicanalistas. Toda pergunta só pode ser respondida em parte, obliquamente e segundo as possibilidades de cada um. As questões que levantei e as respostas que sugeri terão talvez o sabor de um exercício de "voyeurismo"; olhar pelo buraco da fechadura é sempre arriscado – e indiscreto. Mas a indiscrição nem sempre é falta grave: afinal, sem se ser um pouco criminoso, um pouco malandro e um pouco ousado, "não se pode fazer nada direito".

Cronologia

6.5.1856

- Freud nasce em Freiberg, atualmente Pribor, na República Tcheca.

1873

- Ingressa na Faculdade de Medicina de Viena.

1876-1882

- Trabalha como pesquisador em neurologia e fisiologia.

1882-1885

- Residência médica no Hospital Geral de Viena.

Outubro 1885/março 1886

- Estagia em Paris sob a orientação de Charcot; começa a interessar-se pelas neuroses.

14.9.1886

- Casa-se com Martha Bernays, com quem teve seis filhos.

1886-1890

- Exerce a medicina, como especialista em "doenças nervosas".

1892-1895

- Primeiras pesquisas sobre a sexualidade e as neuroses; amplia-se a correspondência com Wilhelm Fliess.

24.7.1895

- Primeira interpretação "pormenorizada" de um sonho seu.

1895

- Publica os *Estudos sobre a Histeria.*

23.10.1896

- Falece seu pai, Jakob Freud, aos oitenta anos.

1897-1899

- Auto-análise sistemática; redação da *Interpretação dos Sonhos*; início da coleção de antigüidades.

15.11.1899

- Publicação da *Interpretação dos Sonhos*, com data de 1900.

Setembro 1901

- Primeira viagem a Roma.

Março 1902

- Nomeação para *Professor Extraordinarius* da Universidade; fim da amizade com W. Fliess.

1902

- Fundação da *Sociedade Psicológica das Quartas-Feiras.*

1905

- *Três Ensaios para uma Teoria Sexual, Caso Dora, O Chiste e sua Relação com o Inconsciente.*

1907-1908

- Trava relações com Eitingon, Jung, Abraham, Ferenczi, Jones e Rank.

26.4.1908

- Primeiro Congresso Psicanalítico (Salzburgo).

1909

- Viagem aos Estados Unidos; *O Homem dos Ratos; O Pequeno Hans.*

1910-1914

- Fundação da Associação Psicanalítica Internacional; primeiras dissensões (Adler e Jung); Freud escreve *Uma Recordação Infantil de Leonardo*, *O Caso Schreber*, *Totem e Tabu*, *O Moisés de Michelangelo*, *Introdução ao Narcisismo*, *História do Movimento Psicanalítico*, *Homem dos Lobos* e vários artigos sobre técnica psicanalítica.

1915

- *Metapsicologia.*

1916-1917

- *Conferências de Introdução à Psicanálise*, últimas que pronunciou como Professor na Universidade.

1920

- *Além do Princípio do Prazer*; início do reconhecimento mundial.

1921

- *Psicologia das Massas* e *Análise do Ego.*

1923

- *O Ego e o Id*; descoberta de um câncer na mandíbula e primeira das 32 operações que sofreu até 1939.

1924

- Rank e Ferenczi manifestam divergências quanto à técnica analítica.

1925

- *Auto-Apresentação*; *Algumas Conseqüências Psíquicas da Diferença Anatômica dos Sexos.*

1926

- *Inibição, Sintoma e Angústia*; *A Questão da Análise por Não-Médicos.*

1927

- *O Futuro de uma Ilusão*; *Dostoievski e o Parricídio.*

1929

- *O Mal-Estar na Cultura*; outorga do único prêmio jamais recebido por Freud, o Prêmio Goethe de Literatura, pelas qualidades estilísticas de sua obra.

1932

- *Novas Conferências de Introdução à Psicanálise*; *Sobre Sexualidade Feminina*; correspondência com Einstein, publicada sob o título de *O Porquê da Guerra.*

Fevereiro 1934

- Instalação do regime fascista de Dollfuss na Áustria; *Moisés e o Monoteísmo*, cuja redação e publicação continuam até 1938.

1937

- *Construções em Psicanálise*; *Análise Terminável e Interminável.*

15.3.1938

- Invasão da Áustria pelas tropas de Hitler.

4.6.1938

- Partida para Londres, onde Freud é recebido com grandes honras.

23.9.1939

- Morte de Freud, que deixa inacabado o *Compêndio de Psicanálise*; seu corpo é cremado e as cinzas colocadas numa urna grega de sua coleção, conservada no cemitério judaico de Golders Green.

Indicações de leitura

Ninguém expôs suas idéias com mais talento do que o próprio Freud. O leitor que desejar familiarizar-se com a psicanálise não precisa se intimidar: o recurso ao original revela-se fascinante e eficaz.

1. Sobre a história de sua descoberta: *História do Movimento Psicanalítico*, *Autobiografia*.

2. Exposições sistemáticas: *Cinco Conferências*, *Conferências de Introdução à Psicanálise*, *Novas Conferências de Introdução à Psicanálise*.

3. Teoria psicanalítica: *A Interpretação dos Sonhos*, *Três Ensaios para uma Teoria Sexual*, *O Inconsciente* (na *Metapsicologia*), *O Ego e o Id*.

4. Análise da arte: *Leonardo*, *A "Gradiva" de Jensen*, *O Moisés de Michelangelo*, *Dostoievski e o Parricídio*, *O Estranho*.

5. Análise da vida social: *Totem e Tabu*, *O Futuro de uma Ilusão*, *O Mal-Estar na Cultura*, *Moisés e o Monoteísmo*.

6. Casos clínicos: *Dora*, *O Pequeno Hans*, *Homem dos Ratos*, *O Caso Schreber*, *Homem dos Lobos*.

Os textos de mais fácil acesso são: *Sobre os Sonhos*, *Psicopatologia da Vida Quotidiana*, as *Cinco Conferências* e *A Questão da Análise por Não-Médicos*.

A obra de Freud é publicada em português pela Editora Imago.

Aqueles que desejarem uma contextualização histórica da obra de Freud podem se reportar a Renato Mezan, *Freud, Pensador da Cultura*, Brasiliense. Boas biografias são as de Ernest Jones, *A Vida e a Obra de Sigmund Freud*, versão condensada por L. Trilling e S. Marcus, Zahar; Peter Gay, *Freud: uma Vida para o Nosso Tempo*, Companhia das Letras; e Emílio Rodrigué, *Sigmund Freud – O Século da Psicanálise, 1895-1995*, Escuta. Uma abordagem pelo ângulo dos conceitos psicanalíticos e suas relações recíprocas pode ser encontrada em Renato Mezan, *Freud: A Trama dos Conceitos*, Perspectiva.

Inúmeros autores brasileiros debruçaram-se sobre a obra de Freud desde a primeira edição deste pequeno volume. Seria impossível fazer justiça a todos; entretanto, destacam-se como bons comentadores Joel Birman, Chaim Samuel Katz, Luiz Alfredo Garcia-Roza, Luís Claudio Figueiredo, Fabio Hermann, Jurandir Freire Costa... Qualquer texto destes autores será útil para quem deseja aprofundar seus conhecimentos sobre Psicanálise.

Entre os autores estrangeiros traduzidos desde 1982 – e são algumas centenas – o leitor poderá consultar com proveito a série das *Problemáticas* de Jean Laplanche (Martins Fontes), bem como o ainda utilíssimo *Vocabulário da Psicanálise* que ele assina juntamente com J. B. Pontalis. O *Dicionário de Psicanálise* de Elizabeth Roudinesco e Michel Plon (Jorge Zahar) é uma obra recente e atualizada, com verbetes sobre conceitos analíticos, mas também sobre autores e sobre a situação da disciplina freudiana em diferentes países.

Sobre outros analistas importantes, o livro de Paul Roazen *Freud e Seus Discípulos,* embora da década de setenta, ainda é um bom ponto de partida. Boas biografias de Melanie Klein (Phyllis Grosskurth, Imago), Lacan (Elizabeth Roudinesco, Jorge Zahar) e outros analistas que marcaram época também se encontram disponíveis em português.

Uma boa perspectiva sobre o conjunto dos problemas ligados à Psicanálise pode ser encontrada na coletânea organizada por Abrão Slavutzky, *História, Clínica e Perspectivas nos Cem Anos da Psicanálise*, Artes Médicas.

Referências bibliográficas

Neste estudo, foram citados ou mencionados os seguintes autores e obras:

BRANDELL, Gunnar. *Freud, Kind seiner Zeit.* Munique, Kindler, 1976.

CASTORIADIS, Cornelius. *L'Institution Imaginaire de la Société.* Paris, Seuil, 1975.

JONES, Ernest. *The Life and Work of Sigmund Freud.* Londres, Hogarth Press, 1953-1957.

LACAN, Jacques. *Les Quatre Concepts Fondamentaux de la Psychanalyse.* Paris, Seuil, 1973.

LE GUEN, Claude. "Quand le Père a Peur". *Études Freudiennes*, n. 5-6, Paris, Denoël, jan. 1972.

MERLEAU-PONTY, Maurice. "Le Doute de Cézanne". *Sens et Non-Sens*, Paris, Nagel, 1966.

MEZAN, Renato. *Freud, Pensador da Cultura.* São Paulo, Brasiliense, 1985.

ROBERT, Marthe. *D'Oedipe à Moïse.* Paris, Calmann-Lévy, 1974.

ROUSTANG, François. *Un Destin si Funeste.* Paris, Payot, 1978.

SCHNEIDER, Monique. "La Réalité et la Résistance à l'Imaginaire". *Topique*, n. 15, Paris, L'Épi, 1977.

_____. *La Parole et l'Inceste.* Paris, Aubier-Montaigne, 1980.

SCHORSKE, Carl. "The Ringstrasse and the Birth of Modern Urbanism". *Fin-de-Siècle Vienna.* Nova Iorque, Vintage Books, 1981.

STEIN, Conrad. "La Transgression". *L'Inconscient*, n. 1, Paris, PUF, jan. 1967.

_____. *L'Enfant Imaginaire.* Paris, Denoël, 1970.

_____. "Oedipe-Roi selon Freud". Prefácio a Marie Delcourt, *Oedipe ou la Légende du Coquérant.* Paris, Les Belles Lettres, 1981.

Título	*Freud: A Conquista do Proibido*
Autor	Renato Mezan
Projeto Gráfico	Ricardo Assis
Capa	Yvoty Macambira
Produção Editorial	Ateliê Editorial
Editoração Eletrônica	Ricardo Assis Amanda E. de Almeida Aline E. Sato
Formato	12 x 18 cm
Tipologia	Adobe Garamond 12/16
Papel de capa	Cartão Supremo 250 g/m^2
Papel de miolo	Pólen Soft 80 g/m^2
Número de páginas	168
Fotolito	Macincolor
Impressão	Lis Gráfica